JN134893

Survival Mind

MIND OF A SURVIVOR

Megan HINE

サバイバルマインド

ミーガン・ハイン 訳 田畑あや子

A&F

幸せになれる場所、アルプスでのランニング

テレビ番組『Car vs. Wild』の舞台裏

パタゴニアの流れる氷の上で個人客をガイドする

テレビ撮影のためにメキシコでサソリをつかまえる

フレンチアルプスのシャモニー近辺でのアイスクライミング

客とともにヒマラヤの6,000m級の山に登頂するため、ベースキャンプまでトレッキング
悲しいことにこの谷は、最近ネパールで起きた地滑りに襲われた

イタリアのクルマユールを見おろすアルプス登山

北極で犬ぞりとサバイバル探検旅行を引率する

オランダの大学の学士課程で冬山技術の単位を教えるためのキャンプ

ジャングルでのサバイバル・スキルを教える。ナイフやマチェーテのような道具を遠隔地で使うことの危険を考えて、わたしはいつも早めにナイフの使いかたを教え、手と刃先の感覚をしっかりと覚えこませる

人里離れたジャングルの村。このジャングルで2週間ハンモックで過ごしたあと、はじめて見つけた村で、村人はとても歓迎してくれ、わたしたちを細長い家に迎えいれて地元の物語で楽しませてくれた。わたしたちは踊り、地元で醸造された竹のワインと蒸留酒の味見をして夜を過ごした

地下での撮影は暗さのためにつねに難しい。撮影時には水が入らないように密封した器材と超軽量の照明システムを使うことが多い

ネパールでのガイド

Survival Mind
サバイバルマインド

Mind of a Survivor

この本をナナに捧げたいと思います。洞察力と公平な判断、
つねにオープンマインドで世界を探求していくことの大切さを
教えてくれてありがとう。あなたはすばらしいロールモデルです。

そして、自分の精神力に疑問を持っているすべての人にも捧げます。
ぜひ、この本のどこかに一筋の光明を見いだしてもらえればと思います。
あなたはいま思っているより強い存在なのです。

Survival Mind
サバイバルマインド
Mind of a Survivor

はじめに

サバイバル・レッスンでよく聞く〈三つのルール〉がある。空気がなければ三分間、水がなければ三日間、食べ物がなければ三週間というものだ。わたしはここにもうひとつルールを加えたい。考えなければ三秒間。自然のなかでは、思考を停止してまちがった判断をしてしまうことがいちばんの命取りになる。

わたしは地球上のあらゆる場所をめぐる探検旅行を何百回も率い、テレビで人気のサバイバル番組のスタッフとして働いてきた。恐怖で体や思考が麻痺(まひ)してしまう人や、自信をなくして自分を傷つけてしまう人も見てきたが、ヒーローが誕生する瞬間も目撃してきた。ヒーローとは、極限まで追いこまれたときに自分の意見を持ち、自分のやりかたを見つけられる人たちだ。なぜそんなことができるのだろう。サバイバルマインドを持っている人と持っていない人がいるのはどうしてだろう。この本でその答えを見つけるために、わたし自身の途方もない冒険の一部を紹介しよう。加えて、日常生活のなかで危険に対する心構えができる方法も紹介する。

災害は予告もなしに襲ってくる。都心へのテロ攻撃であっても、ジャングルへの飛行機の墜落であっても、のどかな田舎での地震であっても。人里離れた場所で大災害が起こった場合、もとの文明社会に戻ってこられる人はほとんどいないというのが、厳しい現実だ。少し訓練をして、正しい装具を身につければ多少はちがうが、生き残る人々にひとつだけ共通しているのは、心構えだ。自分の内に秘めた強さを見つけられる人、災難に直面しても決然として、油断なく可能性を見つけられる人なら生き残れる確率がいちばん高い。言いかえれば、わたしたち全員にサバイバルの力があるということになる。若くて健康な人に限ったことではない。

この数年でアドベンチャーを求めるライフスタイルに大きな関心が寄せられるようになり、わたしもサバイバル・ストーリーをたくさん読んだが、いずれも生き残った人たちがくぐり抜けた試練における肉体面に焦点を当てたものだった。ひと晩で気温がどれほど下がったのか。いかに長く水中にいたのか。どれほどの痛みを経験したか。こういったストーリーでは、みずからの恐怖や感情にいかに対処したのかが語られることはめったにない。子供のころに読んだアーネスト・シャクルトンやスコットの南極探検の物語でも同じだった。焦点が当てられているのは、飢えや怪我や凍傷のことばかりで、こんなふうに思ったのを覚えている。それはわかったけど、どうやって乗り切ったの？　どんなことを考えてたの？

サバイバル・ストーリーでそのような感情について語られないわけはよく理解している。経験によってわかったことだが、極限のつらさに耐えるには感情的反応をシャットダウンしてしまう方法もあるからだ。恐怖や苦痛や疲労や不安が表に現れてくると、思考が麻痺し、頭が働かなくなる。自分の気持ちを語るようなことは男らしさに傷をつける行為だし、平静を装って耐えるべきだという昔ながらの伝統もあり、冒険家たちが自分の回想録にそんなことを書き残さなかったのも理解できる。

それでも、わたしの経験では、サバイバルで重要なのは健康状態や経験よりもメンタル面だ。その点にはもっと注意が向けられるべきなのだが、あまり認識されていないようだ。なぜなら、いまでも体の健康のほうが心の健康よりも優先されているのと同じ理由で、心の健康については口にするのが難しいからだ。ありがたいことにこの風潮は変わってきているが、西洋医学がはっきりした病気ではない人も扱うようになってきたのは、かなり最近になってからだ。健康に対して総合的なアプローチがおこなわれるようになったのは、健康になるために真に科学的な姿勢で臨むためには、病気を治すことだけではなく心も落ち着かせる必要があることに気がついたからだ。

アドベンチャー産業が盛んになるにつれて、伝統的なブッシュクラフトのスキルへの興味も高まってきた。ブッシュクラフトとは、火おこし、食糧調達、ハンティング、シェルターのつくりかたというようなスキルだ。このような古代の技術から多くを学ぶ人が非常に増えているのも当然のことだ。先祖から受け継いだ技術や伝統をいまも守り続けている土着の人々といっしょに仕事をすると、地球の正反対に位置する土地でも同じような技術が使われていることにいつも感銘を受ける。異なる種族がその技術にひねりを加えたり、調節したりして、自然と協調したり、征服しようとした方法にも同じように感動する。わたしと同じように誰でも畏敬の念を覚えるはずなのが、馬とともに生きている種族のエネルギー補給法だ。彼らは、脱水状態や不毛な地での長時間移動に備えて、必要なエネルギーがもらえる分だけポニーの静脈から血を飲むのだ。そのような知恵を目の当たりにすると、現代社会でどれだけのものが失われてしまったのかに気づかされる。同時に、感覚を研(と)ぎすまし、心を開いて、好奇心を持っていれば、どんな環境でも生き残っていけるというヒントにもなる。

　ブッシュクラフトと伝統的スキルはわたしたちを原始的なものにふたたびつなげてくれるし、自然のなかで過ごし、失われた技術を発見することには、わたしたちを癒してくれる大きな力がある。一日か二日間わたしの講習会に参加した人々は、一時的なコミュニティの一員になり、世界とのつながりが強くなったように感じて帰っていく。緊急時に役立つことを学んだとよく言われるが、ブッシュクラフトは生き残って安心するためだけのスキルではない。生きるための伝統的なスキルであり、多くは実践に時間がかかる。それが現代人にアピールしている大きな部分なのだが、時間こそ、災害に襲われたときになくなってしまうものなのだ。

　ブッシュクラフトの技術は、わたしが自然のなかに入るときに持っていく道具の一部で、そこに自分の経験が加わる。だがわたしを魅了するのは、そんな技術や経験がないのにサバイバルする人たちだ。飛行機の墜落事故や船の難破に巻きこまれた人々、まったく予期せぬ出来事に遭遇し、特に体を鍛えていたわけではないのに生きて帰ってきた人々だ。サバイバーになる条件とはなんだろう。生き残る人とそうでない人がいるのはなぜだろう。わたしの考えでは、それは火をおこす技術やヤスで魚を捕る技術よりも、創造的で、工夫ができ、偏見を持たず、プレッシャーのなかでも正しい決断ができる能力があるかどうかにかかっている。

自然のなかではそのプレッシャーはとても大きくなる。自分の人生で感じたプレッシャーを思い浮かべてほしい。職場でのプレゼンや試験のときなどに、うまい言葉が浮かんでこなかったり、実力発揮できなかったりしたときのことを考えれば、サバイバルの現場でクリアな思考を保つ能力にどれだけストレスがかかるか想像できるだろうか。寒くて、喉が渇き、空腹で、疲れはてていて、体じゅうを虫に刺され、水ぶくれができていて……その上で、片手で崖の端にぶら下がっているなんていう事態になったら？　日常で起こる困難な状況での決断には充分慣れている人でも、自然のなかで真の姿が試されるときには悪戦苦闘するものだ。

よくあるのが、本当に生き残れるとは思えないような人が生き残るパターンだ。どこから見てもマッチョで、サバイバリストのイメージにぴったりな人が、自分の弱さを大きな声やあけすけな言葉遣いで隠している場合もある。そういう人を快適な空間から連れだして、扱いかたを知らない最悪な状況に直面させたら、ぼろぼろになってしまう。逆に、専業主婦で最初はおどおどしていた人たちが、内面の強さと臨機応変に対処できる才能を見せて、ほかの人たちを驚かせただけでなく、自分でも驚いたという例も見てきた。

極限の困難に打ち勝つ能力と無事に帰還するだけの回復力は誰でも持っているとわたしは心から信じている。そのような耐久力は一部の人にとっては簡単に手に入るものだ。わたし自身の経験と観察を通して、回復する力であるレジリエンスとサバイバーになれるチャンスを高めることは誰にでもできるということをお見せしたい。だからといってサバイバルのスキルと体の健康に大きな価値がないというわけではない。それがあれば貴重な時間の節約になる。だが、そういうものがあるからといって、まちがった決断をしなくなるわけではないし、前に進んでいける精神力と闘志がわいてくるわけでもない。

わたしの経験では、自分のまわりの状況に共感し、ほかの人に本能的に対応できる人のほうがサバイバルに適していて、それは女性であることが多い。わたしが訪ねた部族のコミュニティでは、女性は通常子供の世話をし、食事をつくり、罠をしかけ、植物の根を探していて、そのあいだに男性はたいてい、大きな獲物の狩りをしている。女性のほうが仕事の数が多いので、適応能力が高い。一度に複数の仕事を処理できる能力は、サバイバルの鍵となる特質だ。サバイバルとはひとつの目的に向かう断固たる決意ではなく、全体を見渡すことであり、自分自身を知ることも含まれている。

若さもまた、自然のなかでうまくやれる特質だと思われることが多い。わたしの考えでは、若い人が世界に対して抱く好奇心と彼らが比較的健康であることが大いに関係していると思われる。自然のなかでどのような考えかたをするかは、サバイバルにおいては何をするかと同じくらい大きな役割を果たす。自然をどのようにとらえるか。突き抜けることのできない障害ではなく、探検し、理解すべきものだと考えることが、サバイバルの手助けになってくれる。

サバイバルの心理学に対するわたしの興味に火がついたのは、アウトドア教育の学位を取るために学んでいたときだ。〝アウトドア教育における東ヨーロッパの哲学〟という単位を取ったが、そこでは人間を自然のなかに入らせる力について探求がされていた。〝山岳環境に対する個人的反応〟と呼ばれる単位も取ったのだが、これがわたしの人生を変えることになった。

その授業では、学生たちはスペイン北部にあるピコス・デ・エウロパ連山で七日間たったひとりで過ごさなければならない。その環境にどっぷりつかって、日記をつけ、自分がまわりの環境とどのようにかかわり、どのように反応するかを検証するという課題だった。学生たちは同じエリアにいるが、おたがいの姿が見えないくらい離れた場所で一週間過ごした。

ピコス・デ・エウロパには自然が野生の状態で残っている。いまでもヒョウに似たヨーロッパのオオヤマネコであるリンクスが山のなかで生息している。美しさと同じくらい厳しさを備えた場所でもある。わたしが荷物に入れたのは、シュラフ（寝袋）と小型テントの入ったバッグとナイフとペンとノートだけだった。学生のなかには本格的なテントや食糧を持って山に入った者もいたが、わたしはシェルターを自分でつくり、食糧も調達するつもりだった。

春の終わりで、登っていくと、ごつごつした谷が見えてきたが、ほぼ同時に、雪が降りはじめる高度に着いていた。雪は七日間降りやむことがなかった。テントがないので、シェルターを見つけなくてはならなかったが、うまい具合に巨大な岩を見つけた。下のほうには岩棚があって、雪から身を守れる。岩棚の下に入り、まわりに転がっている石を使って小さな壁をつくり、その後の一週間を過ごす家にした。すぐにふたつのことに気がついた。まわりの土地は荒れていて、食べるものは何もない（やせっぽちのネズミがいるだけで、どうやらその岩棚の下はそのネズミの住みかのようだった）。その上、火をおこす材料もなかった。

いまになって思うと不思議なのだが、寒かったとか空腹だったという記憶があまりない。あの週のことは自分が本当の成人になるための経験だったのだと思う。青少年を自然のなかに送りこむ部族の儀式に近いものだった。送りこまれた若者は、自分のスピリット・アニマルを見つけ、自分自身を知ることになる。たき木も食べ物もないことがわかり、わたしはどうなるのか確かめてみようという気になった。もちろん、食べ物がなければいずれは死んでしまうが、一週間で死ぬことはないとわかっていた。だからわたしは現実から足を踏みだし、別の場所へと入っていったのだ。

そのときわたしは十九歳で、食糧なしでひとりでいるということがとてつもなく興味深いことを発見した。刺激に対して自分がなぜそんな反応をしたのか、その経験をどのように処理していくのかを考えるようになった。山と波長を合わせるのと同時に、自分の内面にも波長を合わせていた。その週に書いたメモをいま読み直してみると、体外離脱といってもいいような経験をしていたことがはっきりわかる。とてもスピリチュアルで、まったく予想外の経験だった。というのも、わたしはつねにとても現実的な人間だったし、育ってきた環境にもスピリチュアルなものはほとんどなかったからだ。

日中は探検に出かけた。時計は持っていなかった。時間はまったくわからなかったし、当時は太陽を見て時間を知る方法も知らなかったので、自分の体内時計と直観に頼って行動していた。自分の心と体をつなげる方法にとても敏感になっていった。子供のような状態になり、探検と、身のまわりの環境で遊ぶことだけに集中していた。そんな状態になることを意識していたのではない。ただそこに足を踏みいれたのだ。

あらゆることに魅了されるようになった。雲の動きかたから、岩のシェルターで同居しているネズミの日課に至るまで。自分が見るもの、感じるものすべてに信じられないくらいの驚きを覚えた。人生のなかでも一、二を争うほどの深くすばらしい経験になり、自分がどういう人間で、世界にどのようにに適応しているのかについて、それまでにないほど強く気づかされた。自然のなかではエゴが入りこむ余地などないことも学んだ。自然は人間の不安な気持ちなど気にしないし、こちらになんの借りもない。自然は中立的な存在だ。

読むものも観るものもなく、話す人もいない孤独のなかで、すべてのものに流れこんでいるエネルギーがあることを発見した。心を開いていれば、そのエネルギーが自分にも流れこんでくるのがわかった。人生で味わったなかでも最高の感覚だったし、いまでもそう思っている。だが最後の朝に太陽が昇ったときには、山を下りて教官や他の学生たちと会う時間が来たことがわかった。

下に着いたときに驚いたのは、十五人の学生のうち、七日間山の上にとどまっていたのがたった三人だったということだ。ほとんどの学生があきらめてしまったのに、自分がその厳しい状況を切り抜けただけでなく、人生を変えるような経験ができた理由を知りたいと思った。そのときに、サバイバルにおける心理学の役割について考えるようになった。

テントや食糧を持っていた学生のほうがわたしよりいい条件だったはずだと思うかもしれないが、実際はそうならなかった。もしかすると、わたしはテントを持っていなかったために、まわりとの隔たりがなくなり、それが幸いしたのかもしれない。テントのなかにいた学生たちは、天候が悪化すると帆布のなかに閉じこもり、まわりの状況から自分を切り離してしまった。刺激がなかったために、わたしに大きな影響を与えた驚異の感覚を得ることができなかったのだ。彼らはただ退屈してしまったのだろうと思う。

わたしが切り抜けられたもうひとつの理由は、何も期待せずにはじめたからではないかと思う。ほとんどの場合、社会的なものであれ、仕事に関するものであれ、新しい状況に入っていくときには、どのようにふるまうべきか、そこから何を得たいか、何をもって成功と見なすかというようなことを考える。目標が達成できなければ、欲求不満や怒りを感じ、最終的にはひとりで処理できないような感情に数日間は見舞われることになる。おそらく、ほかの学生たちは自分たちの一週間がどのようになるのかを思い描き、現実がそうならなかったときに、多かれ少なかれ失望してしまったのだろう。

どこで仕事をしていても、誰と仕事をしていても、わたしは自分たちのサバイバルにおける心理学の役割をつねに考えている。特に興味を持っているのが、アル・シーバート博士の発見だ。博士は四十年間レジリエンスの研究をしている。自然のなかでのサバイバーの研究だけではなく、がんの治療を受けている患者や家庭内暴力に何年も耐えてきた女性たちや戦闘を経験した兵士たちなど、さまざまな人たちの調査をしている。

シーバート博士の患者のなかには、自分たちが双極性障害や統合失調症ではないかという恐れを抱いて彼のクリニックに来る人たちもいて、彼らは自分たちがなぜ極端な性格だと感じるのかを知りたいと思っている。博士が気づいたのは、普通の人ならセラピーを受けたいと思うような人生の経験をしている人が多いのに、彼らが求めているのは助けではないという点だった。彼らはずっとトラウマと闘ってきた。ただ、自分の極端な性格について理解したいだけなのだ。シーバートは、回復力のある人々はとても複雑な性格をしていて、相反する感情を抱くことができると結論づけた。回復力をつけ、人生で何が起こっても立ち向かえるようにしてくれるのは、相反する場合もあるさまざまな感情を、ときには同時に抱くことのできる能力だと気がついた。シンプルでわかりやすい性格の人は、複雑で困難な状況におかれたときに苦しむことが多いと博士は記している。当然ながら、もっとも複雑で困難なのは生き残りをかけた状況だ。家庭内暴力であれ、実際の戦争であれ、自然災害であれ、生き残りをかけた事態はさまざまな形態で起こりうる。

　それよりも興味深いシーバートの発見のひとつが、日常生活においては、生粋（きっすい）のサバイバーは目立たず、まわりに溶けこんでしまうような人だということだ。リーダーであることは少なく、支配的な性格でもない。まわりの人間は彼らをなまけものだと思っているかもしれない。物事がうまくいっているときには、彼らは自分たちのすばらしさを言いたてるようなエネルギーの無駄遣いをしないからだ。しかし、事態が悪化したとき、彼らは前に出て、状況をコントロールする。長いあいだまわりを観察しているので、何が必要であるのかを広い視点でとらえることができる。シーバートの論文を読んだとき、すぐにピコス・デ・エウロパでの経験がわたしの頭のなかでよみがえった。

　シーバートは、ひとつのトラウマに対処することでほかのトラウマによりうまく対処できるようになるという発見もしている。試練を与えるような環境にさらされると、ほかの状況でもうまく対処できるようになるのだ。それを知ったあと、わたしは何百回という冒険の指揮をとってきた。病気や離婚や親しい人との死別といった、人生を変えるような出来事のあとで冒険に参加する人も少なくない。たいていの場合、そのような人のほうが自然の試練にうまく対処できる。

　シーバートの研究のおかげで、レジリエンスが免疫システムのようなものだと想像できるようになった。体が新しいウィルスや細菌にさらされると、免疫システムは侵入物をいかに退治するかを学ばねばならず、そのせいで体がつらい状態になる。次に同じものに感染したときには、体は闘いかたを知っているので、ずっと効率的な反応をしてくれる。同じことが感情的なトラウマでも起こる。最初は圧倒されてしまっても、次に苦しんだときには、少しは上手に対処できるようになる。

わたしは自分の行動を注意深く調べ、自分のサバイバルにつながるような変化を起こすことだけでなく、自分がなぜ危険にさらされるような仕事を続けているのかも理解しようとしてきた。第二の天性であることから一歩身を引き、自分を分析するのは難しいことだが、この仕事をしているのは、そうせざるをえないからだと気がついた。わたしは信じられないくらい自分に厳しい。自然は、わたしはパニックになって外に飛びだしてしまう。長いあいだじっとすわっていると、自分を追いこみ続けて自分の限界を試し続けることができ、ほかの誰も危険にさらすことがない場所だ。わたしのしていることは危険かもしれないが、わたしにとっては健康的なことなのだ。

参加した探検旅行で下した結論は、いくつかの特質を兼ね備えた人が最高のサバイバーになれるということだ。それは誰もが持っている特質だが、自然に使っている人もいれば、まったくうまく使えていない人もいる。この本で示したいのは、そのようなスキルを伸ばすには生き残りがかかった状況を待つ必要はないということだ。日常生活でサバイバルのマインドセット［訳注：考えかたの基本、枠組み］をつくっていくことは誰にでもできる。そのような特質、あるいは能力とは、直観、創造性、共感、適応性、柔軟性だ。このような特徴は他の冒険の本に書かれていることとはちがうかもしれない（サバイバルの専門家が提唱すると思われがちな、やる気やフィジカル面をメインにしたものではないから)。だが、こういったスキルを身につければ、自然のなかだけでなく、仕事や私生活においても、生き残り、強くなる能力が身につくとわたしは信じている。

Part 1
発達するマインド
The Developing Mind

わたしはいまの業界では少し異質な存在だ。軍隊に入った経験がないからだ。同僚の多くは軍隊でスキルを身につけ、除隊してから自然に冒険家としてのキャリアに進んできた人たちだ。わたしが進んだ道は少しちがっていて、あまり計画的なものではなかった。学校を卒業したときには何をすることになるのかまったくわかっていなかった。ただ、アウトドアへの抑えられない気持ちがあっただけだ。

わたしは四人きょうだいのいちばん上で、両親にとってはそれまで経験したことのない子育てという分野へと導く先駆者だった。育ったのはモールバン・ヒルズ［訳注：イギリス西部ウースターシャー州の丘陵地帯］で、親に習わされたのはバレエ（大好きで、大嫌いで、へたくそだった）と音楽だ。バイオリン（子供のイギリス交響楽団に入れるくらいうまかった）を弾いていたが、外で遊ぶことも奨励されていたので、きょうだいと丘の上で遊んでは、よく泥まみれになって家に帰っていた。両親は休暇になると、トレーラーや徒歩でわたしたちをイギリスの自然のなかに連れていってくれたので、わたしのアウトドアへの情熱はさらに高まった。いまから思えば、それが現在の仕事の第一歩になったのだろう。

次のステップは自転車で山のなかを走りまわることだった。学校からの帰り、十三歳くらいのときに偶然発見したのだ。後ろに籠のついた父親の古い自転車に乗っていたとき、道路じゃなくて、家の裏の丘を走ってみようかと考えた。最初に思いきり降りてきたときのことをまだ覚えている。あやしげなブレーキと、ゆるい砂利道で滑ったために、完全に制御不能になった。振動のせいで籠は落ちてしまったけれど、その籠を引きずって家に戻ったときには、満面の笑顔を浮かべていた。新しい自由の時代がはじまり、自分を追いこんでいく興奮を発見したのだ。自転車でどこまで行けるのか、あるいはどこまで登れるのか、……あるいはどれだけ速く降りてこられるのかを知るために。訓練や休息の大切さについては何も知らなかったので、疲れを感じても、それはさらに自分を追いこむべき、あるいはさらに遠くまで行くべきだというサインだと思っていた。いまではそれがどんな訓練の原則にも反していることはわかっているが、あのおかげで、苦痛や厳しさに耐えられる肉体的な基礎ができたと思っている。

わたしは落ち着きがなく、放浪癖があったので、山のなかにいるといちばん生き生きして、満たされた気分になった。成長するにつれて、できるだけ長い時間、それもひとりのことが多かったのだが、徒歩か自転車で山に行き、自分の前に立ちふさがる境界をすべて越えようと自分を試していた。屋内、特に教室にいると、体が締めつけられるように感じた。いまでも屋内で長いあいだじっとすわっているのはほとんど不可能に近い。

十三、四歳になるまでは、男の子たちといっしょに走りまわっていた。自分と彼らがちがうとは思っていなかった。いつでも膝小僧をすりむき、タイツに穴をあけ、格闘ごっこをしてよく怒られていた。さまざまな面で、男の子のほうが理解しやすかった。問題があっても喧嘩すれば解決してしまう。女の子の場合は心理的な争いになりがちで、相手を操るようなゲームをする忍耐力がわたしにはなかった。振り返ってみれば、わたしは少し野生児で、手に負えない子供だったのだろう。

服にはあまり興味がなかったのだが、十三、四歳のとき、急に、破れたり、継ぎがあたったり、おさがりだったりする服がいやになり、まわりの女の子がみなずっといいものを着ているのに気がついた。はじめて自分を認識した恐ろしい瞬間で、その翌年くらいはものすごく自意識過剰になっていた。いまでは、それが体の変化とともに誰でも経験するものだとわかっているが、その当時は、必要としていた解放感は自転車で山を走りまわることで得ていた。そうしていると、いちばん自分らしくいられ、着ているものや、人が自分をどう思っているかなどが気にならなくなったからだ。

学校を通じて軍の士官候補生の仲間に入れてもらえるチャンスがあり、イギリス各地での山登りやカヤックやキャンプに連れていってもらった。いつでも女の子はわたしだけだったが、自分の居場所にいるという気持ちを強く感じ、卒業したら軍に入るかもしれないと思っていた。女性の監督者がいなかったために、両親はわたしをそういった遠征に行かせる特別な許可をもらわなければならなかった。そのことにいまはとても感謝しているし、冒険を愛するわたしの気持ちを知って参加できるようにしてくれた軍の組織運営者にも感謝している。

両親はいつも応援してくれたけれど、いずれは学問の道に進んで大学を目指すと思っていたはずだ。彼ら自身が努力して大学に行った人たちだったから。わたしは、生物学、化学、地理、美術でAレベルを取って卒業した。大学で海洋生物学を学ぼうと考えたこともあったが、講義にしろ、研究室にしろ、室内にこもりきりになるのがわかっていたので、わたしの望む将来の姿ではなかった。自分が情熱を傾けていることを生かせる将来の仕事というものもはっきりわからなかった。もっと世界を見る必要があると決断し、思い切ってギャップ・イヤー〔訳注：高校卒業後、一年間遊学できる制度〕を取ることにした。

八歳のときに『The Land of the Long White Cloud（長く白い雲のたなびく地）』という本をもらってから、ずっとニュージーランドに行くことを夢見ていた。その本には驚くほど美しい写真やマオリ族の神話が満載されていて、わたしの想像力をすっかりとりこにしてしまった。Aレベルを取ったあと、片道チケットが買えるだけのお金をため、ギャップ・イヤーの組織を通じて仕事を斡旋（あっせん）してもらい、クライストチャーチの近くにある学校で、コピーやお茶くみの仕事をした。もちろんそれは、求めていた冒険とはほど遠かった！　二週間働いて二百ニュージーランドドルで最初の車を買い、探検の旅に出た。

たまたま知り合ったふたりの男性が、南島の中央にある人里離れたアウトドア・センターで見習いの仕事をはじめたばかりだった。そして、センターでもうひとり見習いを探していることがわかった。わたしはそのチャンスに飛びつき、彼らの仲間になって、ギャップ・イヤーの残りはラフティング・ガイドの訓練を受け、学校の生徒たちを長距離ハイキングに連れていったり、ロッククライミングを教えたりして過ごした。時間があるときは、ひとりで探検に行った。もちろんイギリスには帰りたくなかったが、アウトドア研究のコースで学位が取れることがわかり、自然のなかにいることを仕事にできる可能性があることに気がついたのだった。

湖水地方にある大学で、自分と同じように落ち着きのない精神を持ち、アウトドアへ行かずにはいられない、そして自分の情熱に突き動かされている人たちに会った。そのうち、午前三時に起きてアイスクライミングに行き、午前九時から講義を受けるという生活が普通になってしまった（しかも夜中まで飲みにいって、翌日はまた同じ生活をする）。ほとんどの学生と同じように、わたしもアルバイトで生活費を稼いでいた。マウンテン・リーダーの資格があったので、バーテンやウェイトレスをする代わりに、探検旅行に客を連れていき、その過程で貴重な職業体験を積んでいった。

卒業間近になって、いずれ仕事となる道にさらに少し近づく経験をした。湖水地方のボウフェル・バットレスの頂上にひとりでいて、羊たちが追いかけあっているのを見ていたときだ。ふとある考えが浮かんだ。自分が持っているものはすべて、自然から身を守るものばかりだ。防水加工された服、小型テント、コンロなど、すべてが自然の力から距離をおくためのものだった。わたしは自然と協調するのではなく、闘っていたのだ。アウトドアを愛すると言いながら、そこには少しねじれたものがあった。大きな発見をした瞬間だった。

その数日後、地元の会社が企画したブッシュクラフトの講演会のチケットが余っていると友人が言った。ブッシュクラフトがなんなのかまったく知らなかったが、暇だったので彼といっしょに出かけた。言うまでもなく、わたしはその講演に圧倒された。そこで語られていたのは、自然を手なずけることではなく、自然と協調することだったのだ。それはまさに自分に足りないと思っていたことだった。講演をした男性は先住民といっしょに働いていた人で、その先住民は木や植物を薬やスピリチュアルな目的で使っていた。すぐに自分が愛する自然のことをほとんど理解していないことに気がついた。講演のあと、その会社のウェブサイトを見てみると、求人中であることがわかった。

履歴書を送ったものの、仕事がもらえるはずはないと思っていたが、卒業後にそこで二年間見習いとして働けることになった。まったく新しい世界が開け、ある種の木々のさまざまな特質や、植物を薬として使う方法について教わった。厳しかったが、すばらしい仕事でもあった。冬には生活費のためにオフロード・ドライブのインストラクターをした。夏になると丘の上に自分で建てたシェルターで暮らし、ものすごく早起きをしてキャンプの日課をこなしてから、インストラクターの講義を受けた。彼らは歩く百科事典のようで、わたしはその知識を教えてもらうだけでなく、実践したいと思っていた。

　そこから冒険と旅行業界での別の仕事につながり、ヒマラヤやアルプスでグループを率いる仕事をはじめた。二〇〇七年、スイスのインターナショナル・スクールでアウトドアの授業をしているとき、大ヒットしたベア・グリルスのテレビ番組『サバイバルゲーム MAN vs. WILD』で仕事をしないかというオファーを受けた。それは、ベア・グリルスが人里離れた場所からたったひとりで文明社会に戻ろうと奮闘する番組だ。わたしは運がよく、多少大ざっぱではあったものの、ロープの技術とガイドのスキルとブッシュクラフトの知識があったために、プロデューサーに必要とされたのだった。

　ベアと彼のチームはわたしを歓迎してくれた。カメラに向かって話しながらすばらしい離れ業をやってみせるベアの能力にすぐさま魅了され、彼を深く尊敬するようになった。彼は自分が信じていることのためだけではなく、チームのためになるようなことをし、まわりの人たちに力を与えていた。

　わたしは『サバイバルゲーム』の別の回にも出演するように依頼され、そこでできた関係から、別の番組へのオファーももらった。当時よくやっていたのは、撮影のためのロケ地探しだ。人里離れていて景色がすばらしいうえに、撮影スタッフが行きやすい場所でもないといけない。撮影中は、画面に映っている魅力的な人たちが挑戦するスタントを考えることもあり、懸垂下降やジップライン［訳注：木々のあいだに張ったワイヤロープを滑車を使って滑り降りるアクティビティー］に挑戦させたりした。

通常は、安全確保のかなめとなるふたりのスタッフが番組を監督していて、必要に応じて現地ガイドや専門家を雇う。地域によっては、安全確保のスタッフは制作チームと同じくらい大勢になることもある。アクセスが難しく、場所が遠い場合、それ自体が挑戦になる。カメラマンと音声担当者ひとりにつき安全確保の専門家をひとりつけなければならない。たとえば、険しい地形の場合は、カメラマンと音声担当者を短いロープでつないで、必要な映像が撮影できるようにし、そのあいだにわたしたちは彼らの安全に集中する。特にカメラマンはアクションを撮影することに集中しているので、自分の足元が見えなくなることもある。だからわたしたちが彼らの目になり、彼らが安定するように支える。足を滑らせた場合には彼らの転倒のショックを和らげる。サバイバル・コンサルタントとしての仕事も依頼された。その仕事では、制作チームに食べられるもののアドバイスをしたり、動物を罠にかける方法、シェルターのつくりかたを教えたりもした。

北極での撮影中、スタニという男性に出会った。数年間いっしょに仕事をしたあと、彼は恋愛でも人生でもわたしのパートナーになった。わたしたちはいくつかのプロジェクトでいっしょに仕事を続け、テレビの仕事と探検旅行の引率を合わせると、一年のうち十一カ月は自宅を離れていて、赤道直下から極地まであらゆる地勢の場所で過ごしている。張りつめた、強いプレッシャーがかかる状況でいっしょに仕事をすることもあれば、別々の大陸で数カ月過ごすこともある。

わたしの仕事はどれも計画したものではなく、カメラの前に立つことになるなんて思ってもみなかった。スイスのテレビ番組で出演者チームのガイドをする仕事を引き受け、そこではじめて出演するように言われた。わたしの最初の反応は、「そんな契約はしてない」だったが、断るには遅すぎたので、そのままやることにした。楽しめるとは思っていなかったが、すぐに自分の自然に対する情熱をシェアする方法であることがわかった。

テレビの仕事をするようになってから、わたしにインタビューをしたいという記者が現れるようになり、最初はサバイバル業界の女性としての経験について訊かれることに驚いていた。部屋（やテントや洞窟）のなかで唯一の女性であることにすっかり慣れていたので、珍しいなどと思ったこともなかったのだ。

わたしがとても幸運だったのは、育った環境がわたしを支えてくれるアウトドア好きの家庭だったことだ。妹たちとわたしは弟と同じくらい外で遊ばせてもらった。わたしの行動を制限しなかった両親にはこれから先もずっと感謝したい。山のなかを自転車で走りまわることも、木登りも、わたしがしようとすることはなんでも許してくれた。いまでもアウトドアがまだ男の世界だと思っている人がいる理由が理解できずに苦労している。

比較的最近になって、わたしにはほとんど女性のロールモデルがいなかったことに気がついた。おそらくそのせいで、最初にアルプス登山をしたときの記憶がはっきりしているのだろう。十代後半で、友人とともに標高の高い凍った頂上に到達したところだった。宿に戻り、自分たちが登頂したばかりの山のガイド本を読んだ。アルプス山脈のガイド本には詳しいルートの説明があり、難しい場所や、その難易度、岩場の露出度について教えてくれる。

わたしが注意を引かれたのは、この山の北側にある三百メートルの断崖絶壁を最初に降りたのが女性だったという記述だった。その本によれば、登頂中に彼女は下の谷にバッグを落としてしまい、ガイドとともに取りに降りたというのだ！ 登るのも大変な崖だから降りるのはもっと大変なのだが、それよりも驚いたのは、それをスカート姿でやったということだ！ たぶんコルセットもつけていただろうし（そうなると呼吸が制限されたはずだ）、ブーツの底には氷で滑らないように釘が打ちつけてあったはずだ。きれいな服を着て、長いアルペンストックのピッケルを持った彼女の姿は美しく、感動的でもある。それ以来、わたしは古い登山の写真に魅了されている。そのおかげで、多くの女性がクレバスの上の踏み台でバランスを取ったり、広大な氷河を歩いて渡っている姿を見ることができた。

探してみれば、登山や旅行の歴史のなかに大勢の命知らずの女性がいたことがわかるはずだが、同じような男性たちにくらべるとあまり知られていないのは残念なことだ。彼女たちはすばらしいことを成しとげた偉大な女性たちなのだから。

一七六〇年代、ジャンヌ・バレは船で世界一周した最初の女性になったが、それはフランスの水兵として男装して船に紛れこんだことで達成したのだ。レディ・ヘスター・スタンホープは、考古学者のパイオニアだが、一八〇〇年代初頭、剣を持ち、巨大な雄馬に乗って、中東を探検した。そして一八七一年、ルーシー・ウォレスはマッターホルンに最初に登頂した女性になったが、食生活はスポンジケーキとシャンパンだけだったようだ（わたしの栄養プランを見直さなければ）。性別によってときおりわたしが感じる欲求不満は、あからさまないやがらせではなく、ほかの人たちがわたしのような職業についている女性に対して抱いている認識によるものだ。そうなるのは、ジャンヌやヘスターやルーシーのような女性の話がほとんど語られていないからだ。

妹のピッパが最近思いださせてくれたことがある。わたしが湖水地方のブッシュクラフトの会社で働きはじめたとき、二倍働かないと男性の同僚と同じようには見てもらえない、あるいは自分のことをまじめに取りあってくれない人がいると妹に言っていたらしい。客がすぐにわたしではなく男性インストラクターに質問することにもいらつくが、だからといって引き下がりはしない。逆に、自分がほかの誰よりもその場所にふさわしい人間だということを示すための試練だと考える。女性のロールモデルがいなかったのはわたしだけではない。彼らにもいなかったのだ。リーダーのイメージを男性だけにしか持っていなかったら、それが彼らのリーダー像になる。だが、その役割をしている女性を見せれば考えかたを変えてもらえるかもしれない。この偏見に関してはほかのものよりも克服しやすいのではないかと感じている。自分がその場所にいる権利に疑問を抱いたことは一度もないからだ。

性別でわたしという人間が決められているわけではないし、男性の同僚とはちがうリーダーシップを実践している原因が女性であるためかどうかもわからない。わたしは仕事においてはかなり柔軟だ。

客や探検のタイプに自分のスタイルを合わせていける。だが、それが自分の性別によるものなのか、性格によるものなのかはわからない。それでも、わたしが女性であることで客の反応がちがうことはよくある。一部の男性の同僚よりはわたしに対してずっと心を開いてくれるのだ。陰嚢を蚊に刺されて腫れてしまったことから、家庭内暴力に至るまで、あらゆることを打ちあけたい気になるようだ。これがわたしの力になる。病気や恐怖を隠されていると、ほかの人たちを危険にさらす可能性があるからだ。いまは、たくさん会話をしているおかげで、人が何を話していないかを読む力がつき、彼らが必要としていることがわかり、みなの安全を保つことができるようになっている。

わたしが性別に特に興味を持たない基本的な理由は、自然が区別をしないからだ。まちがった判断をすれば、男性と同じように女性の命もすばやく奪われる。ただ、ロールモデルの大切さはよくわかっているので、そういう役割を担っていることに誇りを持っているし、恐縮もしている（多少は恥ずかしくもある）。ときどき、自分の娘のすばらしいロールモデルになってくれたという父親から感謝の手紙をもらう。とてもうれしいことだ。かつて、自分は世間の型にはまっていないので、自分にふさわしくない道を進まされるのではないかと恐れていたことを思いだす。おそらくそれもあって十代のころは自分勝手に過ごしていた。授業をさぼっては、両親を悲しませてばかりいた。成長期にいまのわたしのような人が世間の注目を浴びていれば、こう考えただろう。そうか、これでいいんだ、彼女のようになれるんだと。山を自転車で走りはじめたときのことを考えると、ほかに女性ライダーはいなかったと思うが、いまトレイル・センターに行くと、女性や男女混合のグループをよく見かける。わずか二十年のあいだにかなりいい方向に変わってきたのだ。

女性がアウトドアで自信をつけ、自分の居場所を見つけてくれるように手助けすることも大好きだが、男性を支えることにも力を注いでいる。できるだけたくさんの、あらゆる職業の人々が自然を体験する手助けをしたいと思っている。自然への情熱を伝えられる幅広い仕事ができているのはとても幸運だ。次に何をするのかはいつもわからない。今度電話を鳴らすのは、砂漠でのロケ地探しを依頼するプロデューサーかもしれないし、ジャングルでの懸垂下降をセッティングしてほしいというディレクターかもしれない。あるいは、ブッシュの奥深くやアコンカグア山頂への探検旅行を計画してほしいと依頼する客かもしれない。ゼロから探検旅行を組み立てるのは、複雑なパズルを完成させるようなものだ。パズルのピースがひとつでも欠けていたら、すべてがばらばらになってしまう。そのチャレンジをわたしは本当に楽しんでいる。

わたしは企業の探検旅行の引率もしていて、いっしょに働く仲間たちに試練を与えるチームづくりの冒険に連れていく。若者たちといっしょに、学生のグループをすばらしい環境のなかに連れていったり、若き起業家たちにレジリエンスを身につける方法や困難の対処法をさまざまなかたちで示したりもしている。

どんな探検旅行もそれまでのものとはちがうし、わたしが使えるスキルにも大きな幅がある。人里離れたジャングルでサバイバルのトレーニングを指揮しているときなら、現地の人たちとの関係をつくるというソフトスキルがフィールド医学の知識と同じくらい価値のあるものかもしれないし、危機を乗り越えようとしている客の話を聞くというわたしの能力が冒険旅行を脇道にそらしてしまわないために役立つこともある。一週間留守にすることもあるし、数カ月になることもある。

何をしていても、誰と働いていても、わたしの役割にはいつも同じ面がある。人々に自然を本当に体験してもらうこと、彼らにどんな可能性があるのかを見つけること、そしてそれをすべて、できるだけ安全な方法でおこなうことだ。わたしは大好きなことができてとても幸運だ。すばらしい場所を見て、すばらしい人々と働き、毎日がちがう。きちんと計画していたら、こんな生活はできなかっただろう。

Part 2

現代のマインド

The Modern Mind

進化の観点から見れば、石器時代の祖先が槍で狩りをし、洞窟に住んでいたころから経過した時間は、ほんの一瞬だ。この一万年のあいだに人類の文化は進化し、知識やスキルを身につけてきたが、体はそうではない。テクノロジーにあふれた都会を原始的で動物的な脳で歩きまわっているせいで、ときおり現代の生活に予想外の反応をしてしまうことがある。

わたしたちが現在直面している脅威は、先祖が直面していた捕食動物や、飢えや、体に傷を負って死んでしまうといった、はっきりした脅威ではない。わたしたちにとっての最大の脅威といってもいいものは、体の健康よりも心の健康であることが多い。仕事を失うことや、借金や、住むのに安全な場所を見つけることなどの心配があるからだ。そんな状態なのに、都会生活の感覚的な負荷が増えすぎると、進化の過程で先祖が生みだしていたのと同じような反応をいまでも起こしてしまう。それがストレスだ。

自然のなかに出ていくと、考える時間が多いブッシュクラフトのコースでも、登山旅行でも、すばらしいことがよく起こる。人々がにわかに自分の感情を話す気になるのだ。それも特にキャンプファイアのまわりにすわっているときが多い。踊る炎や、揺れながら影を追いかけるやさしい明かりは、体だけでなく魂も温めてくれる。人類が火をおこすようになって何千年もたっているので、わたしたちと火のあいだには深く原始的なつながりがある。わたしたちが火を〈ブッシュマンのテレビ〉と呼ぶのは、見つめずにはいられないからだ。現代のマインドは、結局のところ、現代的でもなんでもないのだ。

自然はわたしたちに栄養を与え、ストレスを鎮めてくれる。その方法は、現代生活ではなかなかできないものだ。現在は家庭医が軽いうつへの対処法として運動を薦めるという話も聞く。ウォーキングがストレス解消にいいのは、エンドルフィンが出るし、日光を浴びてビタミンDが増えるので、どちらも気分をよくする効用があるからだ。携帯電話の電波が届かないところを歩けばさらなる効用がある。ＳＮＳやメールのたえまない着信音に悩まされることがないからだ。〝つねにオン〟になっている状態のプレッシャーは、自然のなかで過ごせばもっとも効果的に軽減できる。だからこそ、そのような体験に惹きつけられる人々が増えているのだろう。進化の過程では、わたしたちの自然生息地における体験なのだから。

わたしはよく祖先が感じていたはずのストレスについて考える。食べ物やたき木や水がなくなれば、彼らの生活は危機に陥った。手に入れた食料を食べているときに毒があるのではないかと感じていたはずの不安、あるいは捕食動物のうなり声を聞いたときの気持ちを想像してみる。ストレスが現代特有の症状ではないことははっきりしていて、だからこそわたしたちはストレスに対して肉体的に強い反応を起こすのだろう。

石器時代の女性が捕食動物に直面したときのことを想像してほしい。彼女のストレスホルモンが放出される。それはおもにコルチゾールとアドレナリンだが、コルチゾールは集中力とやる気を高め、アドレナリンは心拍数と血圧をあげて、エネルギーも上昇させる。血液が臓器から筋肉に送られ、逃げたり闘ったりできるようになる。実のところ、ストレスとは緊急の際に体を始動させるためのサバイバルのメカニズムなのだ。

問題は、現代生活のたえまないストレスに対処できるほど人間がまだ進化していないということだ。現在、ストレスに対する原始的な反応は、捕食動物のような瞬間的な肉体的脅威ではなく、長期にわたるプレッシャーによって引き起こされていて、そのプレッシャーには、仕事の締め切りや、人間関係や家族の問題、ソーシャルメディアへの投稿といったものまである。自分の健康が脅かされるようなことを考えるたびに、原始的なストレス反応が起こるのは、わたしたちの体が実際の脅威と、脅威と受けとめられたものの区別ができないからだ。

これによってわたしたちの免疫システムに大きな負担がかかる。ストレスのある人は、胃の調子が悪くなったり、頭がぼんやりしたり、うつや不安といった症状が出やすくなる。ストレス反応が長期にわたり、免疫システムが疲弊すると、体重の増加、自己免疫疾患、筋痛性脳脊髄炎、慢性疲労など、多くの疾患を引き起こす可能性がある。

本当の問題は、ストレスを感じても、それが何かを変えなければならないサインだと受けとめられなくなることだ。それほどストレスは日常生活であたりまえに起こるものになってしまっている。自分自身ともっと調和していれば、特定の同僚といると居心地が悪くなったり、フェイスブックをチェックしたあとにはいつも疲れはてていたりすることに気づくので、そういうものを避けることができる。自分の体ともっと調和していれば、特定の食べ物を食べたあとによくむくみを感じたり、アルコールを摂取したあとに気分が落ちこんだりすることに気がつく。しかし、現代の生活にはストレス要因に気がつくための時間がなく、あまりにも多くの人が物事を簡単に受けいれてしまっている。ほかの選択肢の可能性があることを忘れてしまっているのだ。

スマートフォンとソーシャルメディアがわたしたちの生活、特に若者の生活に新たな不安をもたらし、ほとんどたえまのないストレスになっている。わたしが学校に行っていたころは、家に帰ればいじめっ子や仲間内のプレッシャーから逃れられたが、現代の子供たちは放課後や週末や休暇中でもそういうものと生きていかなければならない。いつも自分に欠陥があるような気分を抱えている。自分を友人とくらべるだけでなく、嫉妬させるために丹念に選ばれた（写真が加工してあったりもする）

有名人の投稿ともくらべているからだ。論理的には、フェイスブックの投稿に対して、車にひかれそうになったような反応をしてしまうのはばかげたことだが、わたしたちの体は同じ「闘争・逃走」反応をしてしまう。ストレス源がなんであっても変わらないのだ。

もちろん、そのようなプレッシャーは大人になっても消えてくれない。あまりにも多くの人が、それを越えようとか、そこに自分をあてはめようとしながら、家族の崩壊、金銭的不安、病気などの本物の厳しい状況とも闘っている。しかもそれは止まることがないので、かつてのような方法でストレスに対処することができなくなっている。ストレス反応はすばやいものであるべきだ。脅威や問題を認識する助けになり、無意識がそれを探らせ、逃げるか闘うかができるようになるのだから。しかし現代は、ストレスがあまりにも広がっているため、もうそのシグナルを感じとることができず、その根本にある原因に対処することができない。そのあいだにも、ストレスホルモンによって健康に影響が出てしまう。

現在の子供時代とわたしが子供だった八〇年代後半から九〇年代初頭にかけての子供時代が大きく異なる別の問題もある。イギリスでは校庭を売却してしまう学校が出てきている。子供たちはもう学校に徒歩や自転車では通っていないし、大人のいない場所で遊ぶことも許されていない。ゲームまで変わってしまった。わたしはトチの実遊びで手を叩かれたのを覚えているが（白状すると、自分のトチの実を少し硬くするためにあぶっていた）、学校によってはそんな遊びを禁止してしまったところもある。子供が怪我をして訴えられるのを恐れているからだ。

わたしは子供グループ相手の仕事をよくしていて、多くの子供が協調性や微細運動能力を失っていることに気づいている。室内で過ごし、ゲーム機で遊んで、多くの宿題を抱えている子供が多すぎる。うつ病の治療を受けている若者や、それ以上の数のうつ病未満の若者も大勢見ているが、その原因は室内で長く過ごすことや、ほかの人たちの〝完璧な〟生活のイメージにたえずさらされているせいではないかと思っている。

わたしは子供のころ、つねに外で過ごしていた。走っては転び、また起きあがる。木に登り、そこから落ち、その環境のなかでどのように動けばいいのかを学んでいったが、わたしが仕事で会う子供たちの多くはそんな経験をしていない。残念ながら、そのような運動能力は大人になってから身につけられるものではないと思う。親和力や直観のなかには、子供時代に発達させるのがいちばんいいものがある。現代の成人はこれまで以上にすわりっぱなしの生活をしているので、自分の体で何ができるのかを知らないままの人もいるのだ。

ほかにも失われつつあるスキルがある。ナビの時代に人々が失いかけているのは、方向感覚や自分が進んでいる道の距離を測る感覚、地形をとらえる感覚だ。おそらくもっとも顕著なのは、現代生活で形成されたわれわれの考えかたという点では、何かまずいことが起こっても誰かが助けてくれると思ってしまうことだろう。救急サービスや親しい人に電話をすれば、問題を解決してもらえるという考えに慣れすぎているので、わたしの探検旅行に参加した人のなかには、自然のなかで事態が悪化しても四十八時間救助がないということの意味が理解できない人もいる。彼らが必要のないリスクを冒してしまうのは、それによって引き起こされる事態の深刻さがわかっていないからだ。自然の世界とのつながりがあまりなく、驚くほど一般常識がない人をよく見る。探検旅行中にたき木を集めるように言うと、「どこでですか」と訊く人があまりにも多いのだ!

自然のなかに出ていくと気分がよくなるというのはわたしにとってはあたりまえのことだ。仕事から離れられたり、携帯電話の圏外にいられるだけでなく、自分の生活に欠けていたと感じるものとふたたびつながることができるからだ。すぐにそうなるとは限らないが、数時間、あるいは数日かかったとしても、自然のなかで過ごせば人は変わる。まあ、たいていの人はということだが。

わたしは客に自然を充分に味わってもらおうと努力しているが、ときおり、冒険をインスタグラムやブログの材料と考えている人に出会う。悲しいのは、そういう人たちが現在の瞬間を充分に味わっていないことだ。レンズ越しでは世界でも有数のすばらしい景色をきちんと味わうことはできない。その景色を吸いこみ、抱きしめ、その景色に身をまかせなければならない。わたしはよく自分がおもしろいと思ったものを、ほかの人の想像力をかきたてるために話す。ときには現地の部族の人を雇って、自分では見つけることのできない動物や植物を見せてもらうことまである。ときどき、探検旅行で、頂上に到達するとか、イヌワシの写真を撮るとかいう特定の目標にあまりにも集中している人がいると、ほかのことにも気づかせるために力を入れなければならない。

客が目標を達成するのはとてもうれしいことだし、ときには本当に探検に集中してわたしに新しい見かたをもたらしてくれることもあるのだが、わたしが連れていくすばらしい場所を充分に味わってもらうことも大切だ。自然のなかから最大限のものを得てこそ、自然ときちんとつきあったことになる。冒険によって変わった人を何度も見てきた。ときには事態が本当に厳しいものにならないと、彼らが自分を知り、自分に何ができるのかを発見できないこともある。

客から数カ月、ときには数年にわたって、旅行のあとにメールを受けとることも多く、旅行での経験が人生を変えるための力になったと伝えてくれる。自然のなかで学んだことを家庭や仕事で使っている。自然のなかでは試練を克服していくしかない。そうしなければ死が待っているからだ。現代社会では、人生を変えるような試練への直面を避けることもできるし、自分が望む変化を誰かが起こしてくれるのを待つこともできる。自然のなかでは、すべて自分がしなければならない。それが非常に価値のある教訓であるのは、それによって人生最高の喜びを得られるからだ。

自然にそぐわなくなっているのは現代のマインドだけではない。わたしたちの体もだ。多くの人々が一日の大半をすわって過ごす仕事をしている。運動をしなければ、ハムストリング筋が短くなったり、股関節がこわばったり、腰痛が起こったりという問題を引き起こす。いまは正しく動く能力を全世代が失いかけているという危険にさらされているのだ。それがはっきりわかるのは、武道やロッククライミングやダンスをしている客が来たときだ。たとえ何年もブランクがあったとしても、そういう人はスポーツをまったくしていない人よりも上手に動くことができる。

探検旅行を終えた人はただ健康になって家に帰るだけではない。機敏になり、責任感を持って仕事に戻ることができる。自然のなかで自分を試すことは、体だけでなく脳のトレーニングにもなる。自分の可能性を広げれば広げるほど、メンタル面でもフィジカル面でも柔軟になり、仕事でも、家庭でも、実際の自然のなかでも、サバイバルマインドを発達させることができる。

オートバイとともに育ち、かつてはオートバイ・レーサーだった友人がいる。最近彼からこんな話を聞いた。衝撃吸収用バリアのすぐそばに立ってレースを観戦していたときのことだ。バイクがコーナーを曲がってくるのを待っていたとき、何かがそこから離れろと命じた。一秒もしないうちに、誰も乗っていないバイクが猛スピードでコーナーをまわってきて、バリアを突破し、まさに彼が立っていた場所に落ちた。離れていなかったら、ほぼ確実に命を落としていただろう。

何が彼を動かしたのだろうと話しあった。彼は、エンジン音の何かが自分の無意識にどこかおかしいと告げたのだろうと言った。彼の脳にはバイクについてのこれまでの経験が蓄積されているので、バイクが問題なくコーナーを曲がっていれば聞こえるはずの音がわかっていたのだ。ごくわずかなちがいだったはずだが、それだけで無意識が彼を動かすには充分だった。

数年前、わたしにも同じような経験があった。パートナーのスタニとスイスでサバイバル・インストラクターの研修コースを運営していて、自宅があったシャモニーに車で帰る途中だった。午後十一時くらいの遅い時間で、交通量の少ない道路脇にあった駐車場に車をとめ、料理をすることにした。コンロを車の外に出し、あらかじめつくってあったシチューを温め、すわってそれを食べた。

スタニはベンチの端にすわり、わたしは肘掛けにすわって両足を座席に乗せて、スタニの方を向いていた。食事をしていると、一台の車がわたしの背後四十メートルほど向こうの駐車場の反対側の端にとまった。数分後、こちらに向かってくる足音が後ろから聞こえたが、それから奇妙なことが起こった。

足音がさらに近づき、わたしが無意識にベンチから飛び降りたとき、その男が両手で襲いかかってきた。スタニがすぐにわたしの前に出たので、わたしたちは立ったままその男を見ていた。男はしゃがみこんで、わたしがすわっていた場所のにおいをかいでいる。男が顔をあげると、その荒々しい目には人間の感情がなかった。まるで捕食動物の目を見つめているような気になった。

直後に駐車場の反対側から叫び声がして、緊張が走った。もうひとりの男が最初の男を犬のように呼んでいた。男は最後にもう一度においをかぐと、車に戻っていった。彼がどういう状態だったのかはわからない。ドラッグをやっていたのか、精神的に問題があったのかわからないが、忘れられない出来事だ。

どうしてわたしの直観は動くように命じたのだろう。時間をかけて分析してみた結果、最初の足音で反応しなかったのは急ぎ足や異常な足音ではなく、自信を持った歩きかただったからだ。だが普通は、道を訊こうとしていたのなら、自己紹介できるくらい近づいたところで、立ちどまるかペースを落としていたはずだ。足音が変わらなかったので、脳が異常に気づいて、ちょうどいいタイミングでわたしを動かし、男につかまらずにすんだのだ。

直観はよく、「虫の知らせ」とか「第六感」という表現をされるが、そこには科学的な根拠がある。無意識が、過去の経験から蓄積した情報を使ってあなたを守ってくれ、意識的な脳に危険信号を送っているのだ。神経科学者のマイケル・ガザニガは脳のすべての活動のうち九十八パーセント以上が完全に無意識であると推定した。そのなかには、食べたものの消化、心臓の鼓動、筋肉を動かすことなどの、体を生かしておく機能もあるが、感覚的なインプットの処理も含まれる。脳はまわりの世界から情報を取りいれ、役に立つようにしてくれる。わたしたちは身のまわりの大量の情報にさらされているので、フィルターがなければ圧倒されてしまう。そうならないように、その猛攻撃から身を守るシステムを進化させてきたのだ。そのシステムのひとつが無意識で、すべてをふるいにかけ、意識的な心にとって大切なものだけを通す。

ここが直観の入ってくる場所だ。最後に金づちで親指を打ってしまったときの痛みを脳は覚えているので、またそうならないように手を引っこめさせる。あるいは、バイクのエンジンが制御を失ったときに立てる音を知っているので、そこから逃げさせる。このような反応は、洞窟で暮らしていた先祖にとっては役に立つもので、草むらの動きに意識的な心の注意を向けさせ、捕食動物が待ち伏せしていることや敵の部族の存在を知らせてくれた。

だからわたしは自然のなかでいつもこう言っている。「頭のなかの何かが止まれと言ったら止まって！」と。無意識がそんなシグナルを送るのには理由があるのだ。直観を使えば使うほど、信じられるようになり、身の安全を守ってくれるものが増えることになる。

無意識はつねに膨大な情報をフィルターにかけているので、よく知っている環境のほうが直観がよく働く場合がある。こんなシナリオを想像してほしい。家に着いて、玄関をあけてリビングに入る。家族の誰かがいるかどうかは声をかけなくてもわかるだろう。どうしてわかるかを分析すると、何かの場所がちがうとか、暖房がついているとか、単にひとりじゃないと感じたからだと気づくかもしれない。朝玄関を出るときに、傘やレインコートを取りに戻ることがあるだろう。雨が降る予感がするからだ。サバイバーの脳はこのように働いている。

慣れていない環境、生き残りをかけた状況のような場合は、情報が多いためにパニックになることもあり、無意識が送ってくるシグナルに注意を向けにくくなる。これを防ぐためには、つねに自分の無意識の脳と意識的な脳のつながりを試して、自分の直観を信じられるようにしておくといい。

今度散歩に出たときには、街なかでも片田舎でもかまわないので、十分間腰を降ろして自分のまわりにじっくり注意を向けてほしい。よく耳を澄まし、注意深く観察すれば、いつもは気づかずに通りすぎている小さなことに気がつきはじめる。わたしの場合は、深呼吸をして、頭を占めている考えを吐きだすとうまくいくことがわかっている。まわりの環境に注意を向けて、音やにおいや風の向きなどを、ひとつずつ吸いこんでいく。

自然のなかでは、命を救ってくれるのはごく小さいものの場合もある。風にそよぐ葉の様子で嵐が来ることがわかったり、動物の行動で捕食動物が近くにいることがわかったりするが、その能力を高めるためにジャングルに行く必要はない。自宅の裏庭でも何かが変わろうとしているのはわかる。たとえば、クロウタドリは鳴き声が豊富で、捕食動物がいるのが地面か、あるいは空かというような脅威に応じて、さまざまな種類の警告音を使う。リスも複雑な警告音を使っていて、注意深く聴けば、緊張状態なのか不安なのかがわかる。

観察すればするほど、多くのことが学べる。数種類の動物の足跡が合流しているのに気づいたら、直観は水が近くにあるらしいと教えてくれる。本当に注意を向ければ、ある動物が一日の決まった時間におこなう特定の行動にも気づくかもしれない。たとえば、ハトは夕方に水を飲む傾向がある。正しい時間に先頭のハトを追っていけば、水のある場所に連れていってくれる可能性が高い。これは環境と深くつながっている部族のコミュニティがよく使っているタイプの〝直観〟だ。自宅にいるのと同じくらい長い時間を彼らの環境で過ごせば、彼らと同じような直観的反応を経験できるようになるだろう。よく聴き、よく観察するほど、あとで使える情報が蓄積されていく。

休みになると、わたしはいつでも山に引きつけられる。子供のころから登山をしていて、最初にスノードン山に登ったのは二歳で、それ以前も父の背中に背負われて登っていた。二十代のころはアルプスのシャモニー近郊に九年間住んでいた。わたしがいちばん親しみを感じる場所なので、直観もよく働く。何年もかけて、天候の変わりかた、地形の角度、足の下から吹きあがる雪の音によって、雪崩が起きやすいことがわかる直観を身につけた。だがわたしの直観も、かなり信頼できるものではあるものの、もともと山に住んでいる人たちの直観とはくらべものにならない。彼らには何世代にもわたる知恵があり、長年にわたって直観を高めてきた経験がある。

特定の環境に入ることで直観を鍛えることができるが、練習をすれば、ある環境で身につけた直観を別の環境でも使えるようになる。自分の直観に注意を払えば払うほど、どのような環境でも、実際に使わなければならないときに直観を信用できるようになる。

はじめて会った人に悪い印象を持ってしまうことは誰でもある。反感を持つ理由がわからないことが多いが、やがて彼らのなかにある何かのせいで、話が進まなかったのだとわかる。第一印象がそれほど大切だということには大きな理由がある。自然のなかでのもっとも大きな脅威は、天気でも、蚊でも、切り立った断崖でもなく、別の人間だからだ。わたしは現在アラスカへのひとり旅を計画していて、心配なのは、孤立した牧場に住むたったひとりの牧場主だ。熊に出くわすよりも怖い。人の品定めもサバイバルのツールになる。

人についてのわたしの直観を試す機会は多い。空港で新しい客のグループに会うときにはいつでも、服装や動きかたから、探検旅行で彼らがどういう行動をとるかを予測する。苦労しそうな人の場合は、新品の道具を持っていたり、動きがぎこちなかったりすることが多い。動きが少し硬いと、地形によってては難しく感じるし、つらくなって遅れを取ってしまうと、機嫌が悪くなったり、攻撃的になったりする場合もある。早めに気づいていれば、彼らのガイドをうまくでき、グループをまとめておける。反対に、とてもいい兆候なのは、わたしの気分を訊いてくれる人がいる場合だ。つねにプロフェッショナルでポジティブな様子をしているわたしでも、ほかのみなと同じ内面の恐怖に直面していることを理解してくれているからだ。わたしは意識的に人々を分析してまわっているわけではないが、誰が信用でき、危機が迫ったときに誰が頼りになるかを、無意識のうちに判断しているのだと思う。それはわたしたちが誰でも持っている普通の直観なのだ。

わたしたちの多くは、人を喜ばせることや人とうまくやっていくことに必死になっているので、ほかの人の性格や行動についての明白なサインを見落としてしまう。その場では判断が難しい場合もあるが、帰りの電車のなかや寝るまえなどに、意識的に自分が会った人のリストをつくって、そのなかにはっきりとしたサインを出している人がいたかどうかを考え、直観を磨くことができる。信用できない人がいたら、その理由を探ってみる。特定の場所で居心地が悪くなるのなら、自分がそう感じる理由を考えてみる。直観を使えば使うほど、信用できるようになる。いつか直観が命を救ってくれるかもしれない。

かすかなメッセージを送っているのは、近くにいる人や周囲の環境だけではない。自分の体もだ。恐怖を例にとってみよう。恐怖は身のすくむような感情だと考えられがちだが、生き残るための目的も担っている。恐怖とは、何かが変わったというシグナルだ。自然のなかでは、捕食動物や嵐が来ること、あるいは自分の足元の地面が崩れようとしていることを意味する場合もある。自分の体が脳に送っているメッセージに気がつくことが増えるほど、恐怖であれ、寒さであれ、空腹や疲れであれ、生き残るための洞察力が与えられる。

数年前、ブルネイのジャングルでの探検旅行を共同で率いていたとき、わたしの直観が人々の命を救ったと思われることがあった。もうひとりのリーダーはもとはジャングル戦のインストラクターをしていた人で、そのジャングルでトレーニングをしていたので地域のことをよく知っていた。厳しい地形で、その探検旅行には最適の場所だった。客はサバイバル・スキルを身につけることになっていたからだ。

ジャングルでキャンプをするときには、ひとりのときも客といっしょのときも、いつでも「下を見て、上を見て」というちょっとしたマントラを唱える。下を見るときには、虫や水路やそこでのキャンプに危険なものがないかを探す。上を見るのは、ジャングルでは百メートルもの高さの木があるからだ。枯れた枝がつたでぶら下がっている場合、風が吹くと落ちてくるかもしれない。そんな高さから落ちてくると、大きな枝でなくても大変な被害につながる。

　旅をはじめて数日後、夜を過ごすキャンプを設営していて、何かの理由でわたしはいつもより「下を見て、上を見て」をずっと念入りにおこなっていた。理由はわからないが、キャンプの近くに枯れた木がないか再確認し、寝る準備をしている客を手伝っているとき、ハンモックのすべての結び目がきっちり結ばれていて風で木が動いてもほどけてしまわないようにチェックした。ハンモックの上の防水シートがわずかでもゆるんでいたら、雨が降ると（ジャングルではバケツをひっくり返したような雨になる）、ハンモックに水が流れ、シュラフを水浸しにしてしまう。その夜は、自分のハンモックに入るまえに全員の防水シートがぴんと張っているのをしっかり確認し、いつも以上に念入りにチェックした。

　それから自分のハンモックに入り、いつもの〝パウダーかけ〟をやった。ジャングルではたえまなく体が濡れる。湿気だったり、汗だったり、水のなかを歩いたり、雨に濡れたりするので、自分で足の手入れをしないと、数日で足が腐りかける……それからすぐにほかの隠れた場所やくぼみに酵母菌が生えてくる。そんな目には絶対に遭いたくない場所だ。

　ハンモックに横になって、外を見ていたのを覚えている。セミの声を聞き、なんて美しいのだろうと思っていた。数時間眠ったあとで、不意に目が覚めた。何に驚いたのだろうとつかのま考え、気がついた。ジャングルが静まりかえっていたのだ。セミの鳴き声がやんでいる。そのとき嵐が来るのがわかった。

昆虫が天候の変化を最初に教えてくれることはよくある。特にジャングルでは、まわりでつねに音がしているので、止まったときにはじめてその存在に気がつく。昆虫は冷気と暖気が混ざったときに起こる気圧の変化に非常に敏感なので、そういう場合に鳴き声を止めることが多い。音が消えるととても不気味で、鳥肌が立つほどだ。

セミの鳴き声がやんだほんの数秒後、氷のように冷たい突風がキャンプを吹き抜け、また静まりかえった。その数秒後、ジャングルが荒れ狂った。あんなに木が曲がったのは見たことがないし、まわりじゅうで木が倒れる音がし、地面に叩きつけられていた。

それまでにも何度もジャングルの嵐は経験していたが、あの夜ほど激しいものはなかった。朝起きると、どこにいるのかわからないくらいの状態だった。あたり一面に枝が落ちていたので、すべてをきちんと縛ってあってよかった。そうしていなかったら、死人が出ていたかもしれない。

グループの誰かが同じように異変に気づいていたとしても不思議ではない。よく気をつけていれば、人間も気圧の変化を感じることができるからだ。「嵐のまえの静けさ」だと話しているときには、実際に暖気が吸いこまれていくのを感じている。このときには、わたしの無意識が変化を感じただけでなく、その環境に充分な自信を持っていたので、無意識に従って行動できた。嵐が来るという直観をほかの人が抱いていていたら、おそらく何かを言う立場ではないと感じていただろう。同じようなことがどんな種類の職場でも起こっているはずだ。自分の会社がまちがった動きをしていると感じても、誰か権威のある人や、もっと経験のある人がその問題を提起してくれるのを待ってしまう。実際にそうすべきときに「騒ぎを起こしたくない」と思ってしまう人はかなり多いのではないだろうか。

その旅の終わりにホテルに戻ったとき、あの晩ジャングル戦の訓練コースで三人の男性が亡くなっていたことを知った。そのような経験によって、自分の直観によく耳を澄ますこと、それよりも大切な、直観を信じることを学んだ。何年もかけて、自分の無意識が大きな力を持っていることを学び、うまく説明はできないが、直観的に何かをするときにはいつも、数分後には意識的な脳がその脅威に気づくようになった。

Part 4

受容

Acceptance

本物のサバイバルの状況では、パニックが最大の敵になりうる。道に迷ってしまったり、立ち往生したり、怪我をしてしまったときには、ふつうパニックになる。だが、助けてくれる人がいないときには、抑える方法を見つけなければならない。感情をコントロールできなければ、自分が持っている最大の財産であるマインドを最大限に利用することができなくなるからだ。

よくあることだが、物事が悪化したときには自分の苦境を誰かのせいにしたくなる。「この道を通らなければよかったのに」とか「きみがあれを荷物に入れるべきだった」とか「あんな話を真に受けるんじゃなかった」とか。探検旅行が予定通りに進まなくなると、この手のセリフをしょっちゅう聞かされる。わたしはこれを〝犠牲者モードに入る〟と呼んでいる。犠牲者のようにふるまいたくないと思えたら、自分の人生をスタートさせられる。

犠牲者モードに入らないためのわたしが知っている最良の方法は、自分に悪いことが起きたのを受けいれることだ。自分の状況を受容するのがそれに対処する第一歩だ。まちがったほうへ曲がってしまった。チャンスがあったときに水筒をいっぱいにしておかなかった。ペンナイフを入れ忘れた。自分やほかの誰かを責めても、助けにはならない。たしかにまちがったほうへ曲がってしまった。じゃあどうする？　たしかに水筒は空っぽだ。どこで水を入れる？　ペンナイフはない。代わりに何が使える？

日常生活と同じで、探検旅行でも思いがけないことは起こる。天候が悪すぎて頂上に行けなかったり、政治暴動があったり、誰かの体調が悪くなるというようなシンプルなものもあるが、どれもリーダーの力ではどうしようもないものだ。探検旅行が予定通りに進まないと、人生をかけた旅が人生最大のストレス経験になってしまったと感じる人もいる。それは、落胆や怒りや、ときには恐怖というかたちで現れる。ときおり、グループのなかに探検の目標に非常に固執する人がいることがある。彼らの人生における大きな目的になっているため、状況に不満がつのると現実と乖離（かいり）してしまう。

これは日常生活でも起こることだ。電車が遅れていると言って電話に向かって怒りをぶちまけている男性や、厨房が注文をまちがえたと言ってレストランでクレームをつけている人などがいる。頭をすっきりさせていれば、もっと早く問題を解決できる可能性がずっと高い。

自然のなかで不合理な考えをすれば、生き残るチャンスに影響を与える。自分の状況を受けいれることをやめてしまったら、コントロールを取り戻すのが遅くなってしまうからだ。もちろん、ジャングルでも、山でも、職場でも、同じことが言える。不当なことに怒りをぶつけても、思考を曇らせるだけだ。

わたしが気づいたのは、すんなりと状況を受けいれられる人というのは、人生の別の局面で試練を受けてきた人だ。探検旅行が終わるまでには、参加者について多くを知るようになる。死別や病気といった人生の重大事を乗り越えてきた人が、探検旅行が計画通りに進まなかったときでも、すぐにそれを受けいれられるのは偶然ではない。トラウマを抱えた人生経験のせいで、彼らはより柔軟に変化を受けいれられるようになっているのだ。

生き残るためには、持っているものをすべて使って自然に向かわなければならない。そこには人生経験も含まれる。レジリエンスは持ち運びができる。自分の身に起こったことや、してきた仕事はすべて、サバイバルの現場で役立つ準備になっているかもしれない。

犠牲者のマインドセットから抜けだせない人がいるときには、わたしが彼らにかける言葉でときおり助けになっているものがある。それは、自然は中立の存在だということだ。あなたに個人的な恨みなど持っていない。あなたが生きようが死のうが気にしない。あなたの敵でも味方でもない。自然が自分をとらえようとしているのではなく、自分が犠牲者だと感じる心は自分の内部から起こっているのだということに気がつくと、自分がいる場所を受けいれやすくなる。その時点で変える力を持っていない何かと闘うよりも、受容することで固まった考えがほぐされ、動けるようになる。

自分に同情したり、自分がまわりの犠牲になっていると思っているかぎり、問題を解決する立場にはなれない。どんな分野でもそうだ。〝上の者〟が気にかけてくれないと感じたことが何回あったか？　会社や役所やコンピューターの誤作動がわたしたちの生活に問題を起こすことはよくあるし、そういうものがわたしたちに復讐をしているように〝感じる〟かもしれないが、わたしたちの反応には自分自身のストレスや不安が現れていることのほうが多い。自分をどう思っているかということのほうが、敵をどう見ているかよりも反映されているのだ。

若い人のほうが生死をかけた出来事にすばやく反応する傾向があることに気がついた。物事がどうあるべきだという固定した考えに染まっていないからではないかと思う。有名なサバイバル・ストーリーに、十七歳のユリアナ・ケプケの話がある。ユリアナは一九七一年にペルーのジャングルに墜落した飛行機事故の唯一の生存者だった。母親といっしょに民間機に乗っていたのだが、飛行機が雷に打たれ、空中分解してしまった。母親を含む数名の乗客も墜落の際には生きていたのだが、かなり広いエリアに破片が散らばり、ユリアナは彼らを見つけることができなかった。墜落現場でいくらかのお菓子を見つけ、その後九日間の唯一の食糧になった。ユリアナは小川の流れに沿って歩きはじめ、救助を求めた。父親が人里離れた場所で研究をしていたので、ユリアナは墜落のまえにしばらくジャングルで過ごした経験があった。そのため、多少の知識はあったのだが、そんな知識もメガネ（ユリアナはひどい近眼だった）と片方の靴をなくしてしまい、薄いコットンのワンピースだけという格好だったために、帳消しになってしまった。しかも、墜落でひどい怪我も負っていた。

そんな状況に陥ったときになりがちなのは、すべてに希望を失うか、恐怖におびえるか、怒りを抱くかだ。そうなったらそこから脱出できるポイントを見失ってしまう。だが、ユリアナはたった一日墜落現場にとどまっただけで、そこから出て歩きはじめた。自分に起こったとんでもないことを驚くほど早く受けいれたために、自分の命を救うことができたのかもしれない。充分な食糧もなく、休息もできず、着るものもないなか、厳しい環境と怪我のせいでユリアナの体力は急速に失われていっただろう。もう一日待っていたら、そこを去るという大きな決断ができるほどの認知機能も失っていたかもしれない。すばやく決断したことで、救出につながるだけの体力を維持できたのだ。

人生がうまくいっていないときでも、受容とオープンマインドによってその状況から大きなものを得られる場合がある。もう驚くことはなくなったが、団体旅行の契約をするときにほかの人が同じグループにいることを認識していない客もいる。人生をかけた自分自身の旅にあまりにも集中していて、ほかの人も（多少ちがった意図であっても）同じことをしているのが理解できないのだ。わたしが率いるグループのなかには、自分を追いつめてできるだけ速く進みたい人もいれば、歩きまわってたくさん写真を撮りたい人もいる。グループをひとりで率いているときには状況をまとめるのが難しくなる場合もある。わたしがメンバーに受けいれてもらうのは、ほかのメンバーがさまざまな目標や、さまざまな恐怖症や、食物アレルギーなどを持っているということだ。争いあっていては、自分がいる場所を本当に体験することはできない。これは、それぞれが個別の目的を持っている人たちと働いていて仕事に行きづまってしまったときでも同じだ。ひとりで仕事をしたり、ひとり旅をしている場合ではないかぎり、すべてを自分のやりかたではできないことを受けいれなければならない。だが、正しい態度を身につければ、そのような限界のなかで生きていくことで、自分の環境を別の見かたで理解できるようになり、そこから驚くほど多くのものを得ることもできる。

受容によって感情的な重荷がなくなり、思考がクリアになるが、それは現実と闘ってエネルギーの無駄遣いをしなくなるからだ。だからといって、連続して起こるひどい出来事に耐え、ただすわって死ぬのを待つことが受容ではない。誰のことも（自分を含めて）責めず、トラブルを解決する自分なりの方法を見つければいい。現実を変えられないのなら、残された道は自分の態度を変えることしかない。

数年前、仕事で探検旅行を率いはじめたころ、ナミビアのサン人と過ごしたことがある。ある朝、テントをランドローバーの後ろに積みこんでいたとき、テントの底からサソリがわたしの足首に落ちてきて、二回刺された。サソリが走り去るまえに、ナミビアでいちばん猛毒を持つ種類だったことに気づいた。それまでサソリに刺された人を見たことがなく、わたしにとってはまったく未経験のことだった。わかっていたのは死の危険があるということだけだ。最初はハチに刺されたのと変わらない痛さだったが、すぐに激痛に変わり、刺された場所から痛みが広がっていった。

無意識にこう考えていた。「パニックになってはいけない。パニックになると血液の流れがうんと速くなって、生き残るチャンスが減ってしまうから」と。不安を感じると、体はアドレナリンを放出し、心臓の動きを速め、いちばん必要な場所に血液を送りこむ。呼吸も速くなり、酸素の供給が増える。命を懸けて逃げなければならないときには大切なことだが、死を招く毒が臓器にまわってしまうのを止めたいときには命にかかわる可能性がある。

なんとかしてわたしは起こったことを受けいれ、パニックにならず、上司を見つけることができた。サソリに刺されたことを話すと、上司は信じてくれなかった。わたしがパニックになっていなかったからだ。ありがたいことに、広範囲の医療品を持った医者がついていたので、すぐに抗ヒスタミン剤の点滴を受けることができた。おかげで痛みがかなりおさまり、意識を失う可能性もなくなり、命も助かることになった。

同じようなことが昨年もあった。わたしはニューメキシコの端にある人里離れた場所でおこなわれた企業イベント向けに安全確保チームを運営していた。ある自動車メーカーによる四駆の新型車の発表イベントで、その車を見せるために、記者や有名人を大勢その極限の地に連れていこうとしていた。わたしの仕事は、有名人に挑戦してもらうスタントを設定しつつ、全員の安全を確保するというものだった。驚くほど美しい場所にキャンプを設営したのだが、たまたま猛毒を持ったサンゴヘビの生息地でもあった。乗ってきた車に戻るのには歩いて四時間かかり、治療を受けるためにはさらに車で三時間かかるというところで、わたしはヘビに噛まれた。まるでスローモーションのように起こった出来事で、ヘビがあごをはずす様子を観察する時間もあった。そのときは、わあ、すごくかっこいいと思ったのを覚えている。

その直後にかっこいいなんて言っている場合じゃないと気がついた。ヘビがわたしの手にがっちり食いついていて、振り落とすこともできなかった。サンゴヘビならば、自分は死ぬということがわかっていた。こんな場所では手当てしてもらうことは不可能だ。だが、ナミビアのサソリとはちがって、何に噛まれたのかははっきりわからなかった。サンゴヘビとそっくりだが、山には死をもたらすことはないキングコブラもいるからだ。どちらも特徴的な、はっきり言って毒々しい、黒と赤と白の縞があり、どちらもかなり小さい。わたしを噛んだのがどちらのヘビなのかを知る方法はなかった。具合が悪くならないかぎりは。

どんな噛み傷にも効く解毒剤があるが、とんでもなく高価で、消費期限も短く冷蔵保存が必要だ。だから探検旅行に持っていくことはできない。噛まれた瞬間に解毒剤はないことがわかっていた。だがそれでもパニックにはならなかった。数時間後には死んでしまう可能性が五十パーセントあったのにだ。さらにわかっていたのは、もしサンゴヘビに噛まれていたら、とんでもない痛みとともに死ぬということだ。つまり、神経系に影響が及び、麻痺(まひ)と発作を引き起こすことになる。別のタイプの毒だと別の死にかたになる。筋毒性だと筋肉を壊死させるし、腎臓の機能も停止させる。血液毒は赤血球を破壊し、臓器の機能を停止させる。細胞毒は細胞組織を襲う。運が良ければ、このような影響が出るのは、噛まれた箇所のまわりの皮膚だけですむ。

噛まれた手をリンパ・ラッピングという方法を使って縛ってもらった。これは止血帯ではなく、リンパの流れを制限して、毒を腕にとどめて心臓から広がるのを防ぐ方法だ。それ以外には待つことしかできなかった。

わたしの心は非常に実際的で論理的な場所に向かっていた。思考は明晰になり、状況を完全に受けいれていた。どうやってそんな心境になったのかはわからないが、自分の心の反応が内なる力を与えてくれたのはわかっていた。状況をコントロールできない状態でも、感情はコントロールできると信じている。おそらくわたしのなかにパニックになってはいけないとわかっていた部分があったのだろう。なぜなら、もしサンゴヘビに噛まれていたのなら、家族や故郷の友人たちにメッセージを残すことなど、やっておきたいことがあったからだ。そのためには冷静でいる必要があった。

三十分待つ必要があった。その時点で苦痛に七転八倒していなければ、噛まれたのがコブラだったことがはっきりする。わたしのキャリアのなかでできることがほとんどないという数少ない経験だった。三十分後、自分はラッキーだったのだと思いはじめ、一時間後にそれが確信できた。

そんなふうに死に直面したあとにはどんな気持ちになるのかとよく訊かれるが、正直なところ、大きな気持ちの変化はない。初心者にとっては、探検旅行中にはいつでも何かに集中しなくてはいけないので、「こういうことが起こりました。何をしなくてはいけませんか？」という質問をよくされる。そんなときに自分がどれだけ死に近づいているかを考えている暇はない。だが、死を間近にした経験からわたしの体と心がすばやく回復する理由はある。自分がやっていることの危険性を受容していることだ。死にたくはないし、重傷を負いたくもないが、自分が生きるためにやっていることには大きなリスクがあることは理解している。リスクを減らすためにできることはすべてやっているが、自分ではどうすることもできない状況もある。

興味深いことに、自然のなかでは、人は手に負えないことを受けいれやすくなることに気がついた。大きな岩が自分たちのテントに向かって丘を転げ落ちてくるとか、水浸しで火が起こせないとかのほうが、日常生活で起こることよりも受けいれやすいのだ。これは自然がわたしたちに教えてくれる偉大な教訓だ。自分たちのせいじゃなくても悪いことは起こる。自分が病気になった理由や、上司の機嫌が悪い理由を探そうとすることはよくあるが、理由などないことも多い。たとえ説明がついたとしても、どうしようもなかったこともあるだろう。それでも、自分が望む場所にいないとか、望んでいた生活をしていないといって、自分を責めることに多大なエネルギーを使ってしまう。自然のなかにいれば、朝目を覚ますことが危険な仕事なのだということをつねに思いだすことになる。

別のやりかたがあったとしても、本当に問題なのは、どうやっていまの状態から抜けだすかが大切だ。自分の昇進を〝盗んだ〟といって同僚を責めたり、専攻をまちがったといって自分を責めたりしても、なんの得にもならない。誰がコンパスの読みかたをまちがえたのかで言い争ったところで、道に迷っている状態から抜けだせないのと同じだ。

受容によって感情的にも前に進むことができるようになる。恋愛がうまくいかなくなると、カップルはその原因を相手のせいにしたり、昔の思い出にこだわりすぎたりして、どんな理由であれ、おたがいに離れる時期なのかもしれないのをわかろうとしないことが多い。受けいれるのはとてもつらいことだが、その苦痛にはほっとする気持ちもついてくるし、うまくいけば、新しい可能性が生まれ、幸せになれるかもしれない。自然のなかでは、受容によって命が救われる。自宅や職場ではそれほど劇的なものではないかもしれないが、それでも、自分の必要なものや人生で手に入れたいものを得られる出発点になるかもしれないのだ。

受容がいかに大切であるかを本当に学んだのは、同僚のスティーブン・バランタインからだ。彼はおよそ三十年前の二十代のころ、パプアニューギニアで働いていた。トレッキングをしていた場所で部族間闘争が起こっているのは知っていたのだが、ある日、AK47を持った男たちが草むらから飛び出してきた。助かるためには降伏するしかないとわかっていたので、すぐに膝をつき、両手をあげて、頭を下げた。完全な服従の姿勢だ。戦おうとか逃げようとかはせず、ただ自分を差しだした。自分がおかれた状況をすべて受けいれたことが命を救ったのだと彼は信じている。その地域の部族は非常に道徳観念が高く、理由がなければ丸腰の人間と戦うことはないとわかっていた。スティーブンは十日間拘束されたが、部族の女性ふたりの助けを借りてそこから脱走した。

受容がサバイバルの重要な要素である理由は、命を脅かされるような状況から自分を救ってくれるからだけではない。そもそもそんな状況に陥らないためでもある。夜を過ごすキャンプを設営しているときは、たいていは疲れていて、おそらくは空腹で脱水状態にもなっていて、水ぶくれや肉離れの痛みがあるかもしれないし、とても寒いか暑すぎるかのどちらかだろう。そんな弱っている状態で、とりわけ外が暗くなっていると、自分ができないことがあるのを受けいれなければならない。なんであれ、休息を取ってから、明るくなった朝にやったほうがいい。わたしの旅では暗くなってからナイフを使ってはいけないという厳しいルールがある。ナイフや斧やマチェーテ（なた）のような刃物は、探検旅行では使い道が豊富で、道を切り開いたり、薪を割ったり、食材を切ったりと、あらゆることに使える。便利ではあるものの、暗くなってから使うのは危険すぎる。何もかもが難しい状態のときに、さらに危険を増やす必要はない。火のそばで作業をしていたとしても、炎は揺らめくのでつねに見えるとはかぎらない。自分が怪我をする可能性があるだけでなく、怪我をしてしまったら、遠隔地では助けがまにあわない。わたしが仕事をしている場所のなかには、医者がいるところまでわずか数キロであっても、カラスのように飛んではいけず、地形が険しく、濡れていたり、下生えが密生していたりして、助けを求められる場所まで行くのに一日から二日かかる場合がある。そんな地形だと、ヘリコプターも着陸できない。だからこの簡単なルールがある。暗くなったら刃物は使うな。それは、受けいれなければならないことのひとつにすぎない。

数年前、北極圏での探検旅行で十二人のグループを共同で率いていた。キャンプを設営したあと、グループの男性のひとりが斧で薪を割りはじめた。止める間もなく斧の頭が彼のブーツに刺さってしまった。ブーツの外側は分厚いゴムで、内側には防寒用のフェルトの裏地が貼ってあったので、刃先は彼の足には届かないだろうと思った。暗かったのでよくわからなかったが、彼が痛そうにしていなかったので、足を切らずにすんだのだと思われた。最大の心配は、雪がブーツのなかに入りこんで凍傷を起こすことだった。約一時間後、彼は疲れたからテントに入ると言った。そして、立ちあがるとすぐに気を失った。彼のブーツを脱がしてみてはじめて、斧が足に突き刺さっていたことがわかった。血がブーツのなかにたまっていたのだ。足に斧が刺さったことに気がつかないなんておかしいと思うかもしれないが、わたしもナイフで切ってしまったのに気がつかなかったことが数回ある。自然のなかではよくあることだが、脳がほかのことに集中していると、痛みのシグナルが末梢神経から送られるのが遅れることがある。極端な寒さでもそのシグナルは遅くなる。

彼に医師の手当てを受けさせるまでに五時間かかった。もっと離れた場所だったら、死んでいただろう。動脈を切っていたら、病院からたった一時間のところにいたとしても無理だったはずだ。それまでに出血多量で死に至っていただろうから。わたしがナイフの使いかたを教える場合には、初心者にはすわっているときにはひじを膝におくように言っている。そうすれば、大腿部の動脈を切ってしまうことが多少は防げるからだ。そこを切ってしまうと、ほとんど手のほどこしようがなくなる。消火器と同じくらいの圧力がかかっているので、あっというまに血液が噴きだしてしまう。唯一できることは、文字通り傷口から指を入れて、動脈の端を結ぶことだ。だが、傷口が脚の付け根に近ければ、動脈の端は体のなかに引っこんでいる場合がある。手術室にでもいないかぎり、あまり望みはない。自然のなかでは、助ける方法はない。

自分ができないことを受けいれるのも、起こってしまったことを受けいれるのと同じくらい大切だ。次のステップは、起こってしまったことをどうするかについてだ。

Part 5

好奇心と創造性

Curiosity and Creativity

好奇心と創造性というふたつの特質がサバイバーのマインドセットでもっとも重要な要素だと言うと、よく驚かれる。両方を持っていて使うことができるのなら、生き残れる可能性はかなり高いはずだ。好奇心はまわりのものを探求する助けになるし、創造性によって必要なものが手に入れられる。サバイバルの世界では、よく知られたマントラがある。即興、適応、克服だ。災害に遭った場合、たいていの場合はナイフも水のボトルも火をおこす道具も食べられる植物が載っている本も手元にないはずだ。おそらく持っているのは、そのとき着ている服とポケットやバッグに入っているものだけだろう。そんな場合は、トラブルから脱出する方法を即興でつくりだす好奇心と創造性が必要になる。

スタニとわたしがアメリカへの旅からの帰りに厳しい手荷物検査を終えたあとで、出発ラウンジにすわっていたときのことだ。ほとんどの人がサバイバルの現場で使えると思うものはすべて、預けた手荷物に入っていた。わたしたちが持っていたのは、携帯電話、ノートパソコン、財布、ヘッドフォン、鍵、本、メモ帳、ペン、小さな歯磨きと歯ブラシなどを入れた、ごく普通の旅行者が持つ機内持ちこみバッグだけだった。それでもわたしたちは、持っていたものとまわりにあるもので、十一通りの火のおこしかたを考えることができた。携帯電話のバッテリーをはずし、ヘッドフォンのコードをむいてワイヤを取りだし、バッテリーの接触点に当てる。そうすると赤い燃えさしができるので、メモ帳のページを細く破った火口に火をつけることができる。あるいは、携帯電話のスクリーンを取りはずして、レンズとして使うことができる。別の状況では、取りはずしたスクリーンを割ってナイフにすることもできるし、充電用のケーブルをむいて動物用の小型の罠をつくったり、釣り糸にすることもできる。

本物のサバイバルの現場では、手元にあるものをすべて利用しなければならないし、それは自分自身に対する好奇心を高めることになる。自分のなかにあるどんな資質が利用できるだろうか。もしかするとあなたは熱心な鳥類学者で、水のある場所に連れていってくれる鳥の行動に詳しいかもしれない。あるいは義務教育の段階で〝火の三角形〟について学んだかもしれない。火をおこすのに必要な三つの要素は、可燃物と熱と酸素だ。火をおこしたことがなくても、このような情報の断片がもとになり、少しの創造性が加われば、危機から抜けだすことができるかもしれない。自分がこれまでに実はかなりのことを学んできた事実に驚くはずだ。

あなたの隣にすわっている人にもスキルがあるだろう。その人は何を身につけていて、その才能をどれだけ有効に使えるだろう。もしかするとあなたの最大の資質は人と話をして、その人に前進する力を与えることかもしれない。人と話をするほど、好奇心が高まり、興味深くて役に立つことを発見していくだろう。

撮影中のわたしの役割のひとつは、これまでにない、ものすごく変わったサバイバル法を思いつくことだ。プロデューサーはつねに、視聴者が見たこともないようなオリジナルな映像とスタントを求めている。観ている人には笑われるアイデアもあるかもしれないが、わたしが提案しているものはすべて、最悪のシナリオになったときには本当にやるはずのものばかりだ。『サバイバルゲーム MAN vs. WILD』のある回のことを覚えている。ベアがアシカの内臓を抜き、その皮をベストとして着ることができた。おかしな話に思われるだろうが、スコットランドの人里離れた場所で、皮には脂肪がびっしりついていたのだ。アシカの脂肪は長期間水中で過ごすために進化したものだ。そのおかげでベアは低体温症にならずにすんだ。たいていの人はアシカの死骸を見てもそのまま通り過ぎるだけだろうが、そんなありそうもないものでも、正しい見かたをすれば命を救ってくれる場合がある（アシカの死骸を見つけたときのために言っておくと、はらわたはロープの代わりになるし、脂肪を肌に塗れば日焼け止めクリームになるし、ちゃんとした道具があれば皮から服やカヌーまでつくることができる！）。生死にかかわる状態になったときには、安全な状態になったらすぐに、わたしは自分が持っているものをすべてリストアップする。とてもありふれたものでも、そこから脱出できる鍵になるかもしれないからだ。

スタニとわたしは、長く退屈な車での移動中はよくこんな遊びをする。「いまポケットに入っているものでサバイバルに使えるものは何か」を考えるのだ。これは本当に楽しいし、子供といっしょにやるとてもいい。というのも、子供たちは大人が思いつきもしない斬新なアイデアを出してくれるからだ。まちがった答えはないし、すばらしいのは、こんなふうに脳を使っていると脳が柔軟になり、機敏になることだ。

たとえば、口紅でマッチなどの小さいものに防水加工できることを知っているだろうか。メッセージを書けることは？　潤滑剤になることは？　口紅にワセリンが使われていたら、着火剤としても使える。すごいでしょ！　コンドームには本来の目的以外にもたくさんの使い道がある。なかに水を入れて運べるし、小物を入れて水に濡れないようにできるし、血液や体液がつかないように手袋としても使えるし、止血帯や投石器にもなる。非常に可燃性が高いので、濡れた場所で火をおこすときにも使える。サバイバルに関しては、ルールなど何もない。あるものが特定の目的でつくられたことを知っているからといって、ほかの目的で使ってはいけないことにはならない。手元にあるものはなんでも使わなくてはならない。そこにはあなたの想像力も含まれる。

わたしには一歳八カ月の甥がいて、彼が自分の世界を探求する姿を見ていると本当に魅了される。そのやりかたは、ものの味を確かめ、叩き、開いていく方法だ。好奇心によって自分の世界だけでなく、自分の能力もわかるようになっていく。見るたびに彼のできることは少しずつ増えていく。

わたしが飼っている犬にも似た部分がある。タグは二歳の雌でシベリアンハスキーの血が入っているので、獲物を追いかけ、狩りをし、走るという性質が本能的に備わっている。タグにはたくさんの刺激が必要だ（愛情あふれる犬ではあるものの、必要とする注意を向けてあげなければ、犬にとっては残酷な仕打ちになってしまう）。子犬のころ、タグは強引で、本当に大変だった。リードをはずして歩きまわらせてあげたかったが、そのためにはわたしを尊敬し信頼し、こちらの命令に従ってもらわなければならない。いまは成長しているが、それでもまだわたしやわたしの限界に挑戦してくるし、呼んでも来ないときがある。ときにはすわってわたしを見ながら、ふわふわの中指を立てているように見えるときもある。「それで人間さん、これを見てどうするつもり？」って。

好奇心とはすべての動物に本来備わっている、進化を促すための特質だとわたしには思われる。これまで経験したなかでもとりわけ珍しかったことといえば、頭の上に亀が落ちそうになったことだ。鷹が落としたもので、甲羅を割るにはうんと高いところから落とすしかないということを学んでいたのだった。それを発見した好奇心と創造性、あるいはチンパンジーが巣から蟻を引っぱりだすために棒を使うことを発見するまでにどれだけの実験を重ねたのかを考えてほしい。そのことから好奇心が進化的なものだとわかる。つまり、わたしたちのサバイバルの目的にかなうものなのだ。

よちよち歩きの赤ちゃんがシリアルの箱を床にぶちまけるのには理由がある。そうすることで何が起こり、両親がどう反応するのかを判断しているのだ。階段をのぼることに好奇心を持たなければ、階段ののぼりかたはわからないままだ。だが、数年分早送りすると、好奇心と創意工夫は子供の成長のなかで忘れ去られてしまうことがあまりにも多い。スイスの学校でアウトドアの教育をした生徒たちは、世界でも有数の特権階級の子供たちだった。彼らの親は大使やCEOや王族だった。九歳か十歳になるころには、金融や文学、はては人生の意味についてまで、大人と同じような会話ができるようになっていたが、遊びかたはよく知らなかった。

その学校にはすばらしいアウトドアの授業があり、子供たちをスキーやロッククライミングや登山に連れていき、サバイバル法を教えていた。低学年のグループを連れてキャンプに行ったのだが、彼らが探検の方法を知らないことにびっくりした。それはまるで探検〝できる〟ことを知らないかのようだった。わたしが子供のころには、外に小屋をつくり、弟や妹を連れて庭の端まで大変な探検旅行をしたものだ。ワニと戦ったり、想像上の川を渡ったりしたが、スイスの子供たちにはわたしが遊びを組み立ててあげなければならず、旗取りゲームや、かくれんぼのような基本的なゲームまで教えてやらなければならなかった。

一学期が終わるころには、わたしは一歩引いていられるようになり、自分でゲームをつくりあげる彼らの能力が花開いていった。数年たつと、わたしがしなければならないのは、彼らが安全に行ける場所の境界をつくるだけになり、そのあとは自由に探検させ、ときには何時間もそうさせていることもあった。見ていてすばらしいものだったが、もっとすごいのは、彼らが新しく入った生徒を仲間に入れ、遊びかたを教えてあげる様子だった。現在は学校生活の大部分があらかじめ決められたカリキュラムと試験に合格することに固執しているので、この世代の子供たちには創造性が育たないのではないかと心配している。

わたしたちが暮らす社会には、人生を通してあらかじめ決められたルートをたどるように期待される文化がますますはびこっている。そうなると自己発見や創造性をはぐくむ余地がほとんどなくなり、ほかの可能性やチャンスへと自分の心が向かなくなる。自分の人生を狭い視野で見ているようなもので、ほかの才能や素質や目標が育たなくなってしまう。

家では、子供にプレイステーションやXｂｏｘをあてがっておけば、創造的な遊びをさせるよりずっと楽にすわらせておける。創造的な遊びをさせる時間は働く親にはないからだ。つまり、子供たちはほかの人間の想像力で時間を過ごしていて、自分の想像力を育ててはいないということだ。好奇心はとても壊れやすい。支えと栄養が必要だ。子供が質問をしたときには、答えが彼らの世界を広げ、可能だと思っていた限界を超えさせてくれる。大人がちゃんと答えてあげる時間がないと、質問をしたいという子供の気持ちを失わせ、世界を探検していく力を奪ってしまう。

子供たちを外に連れていくことを心配する親や世話係がたくさんいることも知っているし、安全に外に連れていく方法もよく訊かれる。たいていの場合、その答えは子供にリードさせなさいというものだ。彼らが何に興味があるのかを見て、どこを見ているのかを確認し、そして彼らの質問に答えてやればいい。安全のための限界を決め、常識を使っているかぎり、彼らが転んでもそんなに心配することはない。ものが与える痛みを知ることは、自分の境界を試すいい方法になる。そしてもし答えを知らなかったら、何か不思議なことを話してやって、彼らの想像力を働かせればいい。一生残る思い出をつくってやるだけでなく、自信を持った、創造的な人物をつくっていくことになる。

わたしは子供のころに父が話してくれたすてきなことをけっして忘れない。モールバン・ヒルズには一本だけ立っている古いガス灯があった。おそらくそれが『ライオンと魔女』の一部を思い起こさせたようで、わたしたちがそのガス灯にさわるとわたしたちの姿が見えなくなると父は言ったのだ！とてもシンプルな話だったが、そこから不思議な可能性が大きく広がって、本当に楽しかった。

大人になったわたしたちも、子供を外に連れていくことでとても多くのものを得ることができる。子供たちはわたしたちがやめてしまったような方法で物事を見させてくれるからだ。しょっちゅう「なぜあれはあそこに生えているの？」とか「なぜ鳥が鳴きやんだの？」というような質問をされていると、いつか自分の命を救う答えを与えてくれるかもしれない。

テレビに出るようになった初期のころ、サバイバルにおける最初の七十二時間についての番組のパイロット版製作にかかわった。よく言われることだが、災害のあと七十二時間生き残ることができれば、助かる可能性が高くなる。この決定的な時間にすべきなのは、自分の創造性を実践して逃げるか、新しい環境の情報を充分集めて、そこで生き残るかだ。その番組のアイデアは、飛行機が墜落した状況に出演者をおいて（記憶が正しければ、彼らは自分が着ている服とナイフしか持っていなかった）、七十二時間以内に決められた場所までたどりつけるかどうかを見るというものだった。

南アフリカのクルーガー国立公園がロケ地としてすでに選ばれていたので、わたしの仕事は実験台になって、その環境でのサバイバルが可能であると証明することだった。撮影隊はいっしょに来なかったが、GPS追跡器をつけていたので、どこかのコンピューター・スクリーンにわたしの位置が赤い点として現れていることはわかっていた。追跡器には緊急ボタンがついていて、押すと、通常は測地衛星国際緊急応答センターにGPSの位置が送られるが、そのときは数キロ先のベースキャンプに信号が送られるようになっていた。それ以外は、わたしは完全にひとりだった。持っていたのはナイフと、小さな医療用バッグと、一・五リットルの水だけだった。

ヘリコプターで降ろされたときは気温が三十八〜九度あったので、まずしなければならないのは水を見つけることだった。だが、自分の仕事がちゃんとできることを証明しなければならないという大きなプレッシャーを感じていたので、出だしの気分は最悪だった。自分をサバイバルの専門家として売りこんでいたので、「失敗はできない。そんなわけにはいかない」という気持ちでいっぱいだった。テレビ業界に入ったばかりで、期待を裏切りたくないし、恥もかきなくないというプレッシャー、それはすべて自分で自分にかけていたものだが、パニックにつながり、視野を狭くさせてしまった。自分の目の前のことにあまりにも集中していたために、周辺のものがよく見えなくなっていた。まもなく、わたしはひどい決断をすることになる。

日陰がほとんどない真っ昼間の陽射しのなか、藪の茂った砂漠を移動しはじめたのだ。水があることは教えられていて、自分で水を見つけられることを証明しなければならなかった。いわゆる専門家として、わたしは簡単に水が見つけられるはずだと思っていた。だが、わたしのやりかたでは、脱水症状を悪化させるだけだった。完全な素人だ。

自分にプレッシャーをかけすぎていて、視野はますます狭くなっていった。地形を確認することも、目の前にあるものについて正しい疑問を抱くこともできなくなっていて、そのせいで命が危険にさらされた。やがてとんでもないことをしていると自分に言い聞かせなければならない段階が来た。わたしにはもっと能力がある。これまでに幾度となく同じような経験をしてきた。ただ立ちどまって、状況を見きわめる必要があった。

藪の下に日陰を見つけ、そこにすわり、水を少し飲んで、自分自身にかなり厳しく問いかけた。

「メグ、わかってる？　戦術がすべて。まわりにあるものをできるかぎり利用しなければ。やりかたは知ってるでしょ。時間を無駄にするのはやめて、ヒントを探すのよ」

そのあとで、わたしの心はゆっくりと開いていき、よく見て、耳を澄まし、頭を働かせて、まわりにあるものを探求していった。日が落ちてくるまでは水を節約するために休息が必要だということも思いだした。遠くには低い山脈があり、涼しくなったらそこに向かおうと決めた。そのような地形の変化は硬い岩に柔らかい岩が重なっていることを示しているので、地表に水がにじみでている可能性がある。

数時間後、わたしは歩きはじめ、数種類の動物の足跡に気づいた。すぐにそれらが合流しているのがわかり、その理由を考えてみた。明らかな答えは、動物たちが水を見つけたということなので、足跡を追った。そういうときにはよどんだ水が見つかる場合もあるし、本当に幸運なら流水が見つかることもあるが、ひからびた水たまりである場合が多い。水が枯れてしまったと思うかもしれないが、水たまりがたまたま曲がりくねった枯れた川のカーブにあれば、幸運かもしれない。水がカーブに沿って流れていれば、ほとんどの水は水路の外側にかたよるので、そこが乾いた地面の最後の部分であるかもしれないからだ。ときおり、小川は地下に潜って流れていることがあるので、濡れた地面を掘れば流れる水にめぐりあえることもある。

足跡に気づいてからは、見えているものとその裏にある意味をつなげられるようになっていった。まず、トカゲが岩の上で日光浴をしているのに気がついた。そのあたりにはトカゲが食べる昆虫がいるということだ。そのあとでミツバチを見た。これにはとても力づけられた。ミツバチは近くに水があるというしるしだ。ミツバチの巣の湿度と温度を調整するためには水が必要だからだ。水を保存しておくことはほとんどないので、近くに水源があることがわかる。

だからわたしはミツバチを追っていったが、水を見つける代わりに、枯れた木を見つけた。さほど大きくない木で、おそらく高さは四メートル半ほどあり、いちばん上にハチの巣があるのが見えた。これが意味することはひとつ。ハチミツだ。ハチに刺されてもアレルギー症状が出ないことはわかっていたので、ハンドドリルがつくれるような木を探した。

二本の木をこすりあわせる。一本は地面におき、先端を削って少し尖らせた棒を両手ではさんですばやく回す。乾燥した状態で充分な摩擦を起こせば、燃えさしができ、乾いた草の束に火をつけることができる。わたしの計画は、煙でミツバチを追いだして、動きを鈍らせてから、手を突っこんでハチミツを取るというものだった。防護服を着ていないので、それでも刺されたが、煙なしでやったらもっとたくさんのハチに刺されていただろう。

ハチミツでエネルギーがもらえただけでなく、自分がうまくやっていて、サバイバルに必要な資質をちゃんと持っているという自信も与えてもらえた。自分の好奇心のおかげでハチミツが見つかり、創造性があったおかげでそれを手に入れられたのがうれしかった。だが、ハチミツだけでは生きていけない。やはり水が必要だった。

その旅で最初に見つけた水源は別の木の溝のなかだった。サン人といっしょに過ごしたときに最初に学んだ水の集めかただ。雨と露は枝が生えてV字型になった部分の木の皮の溝に集まることがあるので、わたしは木の幹の色が濃くなった部分を見て、水を蓄えているはずだとわかった。そこから水を吸いあげて容器に入れるか、ストローが見つかれば穴から直接水を飲むこともできる。あたりを見まわして茎が空洞になった草や葦を見つけ、少し水分を補給することができた。

水を見つけたことで体が得られたものと同じくらい重要だったのは、その特別な状況においては、心理的なものだった。そんな場所でちょっとしたサクセスストーリーをつくったときの気持ちは信じられないくらいすばらしく、そういった小さな勝利を喜ぶことが本当に大切だとわたしは思っている。すべてを軽く見てしまうのがイギリス人の特質かもしれないが、必要なものを見つけた自分を喜ぶことができ、サバイバルの貴重な時間を数時間稼げたとわかることで、自分に自信がつき、そこから脱出するための別のものを探し続けることができるようになる。ただの小さな水たまりだと思ってはいけない。自分の存在を維持するものだと考えるのだ。それを手に入れること。そして喜ぶこと。

わたしはいつでも鍋を持ち歩くようにしている。それ以外に自然のなかで水を沸かしたり運んだりする方法があるだろうか。現地の部族といっしょに仕事をして、いくつかの方法があることがわかった。たとえばボルネオのイバン族は水を運ぶのに竹を使っているのをわたしが見た最初の人々だ。竹には節(ふし)があり、正しい場所で切って穴をあけ、ひもを通せば、水を入れるショルダーバッグのようなものをつくることができる。

竹に充分な厚みがあり、すぐに焼けてしまわなければ(そして火から適切な位置に支えておける方法があれば)、竹に入れた水を沸騰させて浄化することもできる。イバン族とクラビット族の人々は竹の節のなかで米を蒸し、卵を完璧にゆでていた。それを知ってからは、ほかのものを見ても、すぐにはわからない使い道を探すようになった。

だが、もし鍋もなく、竹が生えるような場所にもいなかったら（あるいは竹を切るマチェーテも持っていなかったら）、どうやって水を汲んだらいいのだろう。ダチョウの卵はどうだろう？ 信じられないと思うかもしれないが、サン人は卵の上にストローが刺せるだけの小さな穴をあけて、卵の中身を吸い取り（立派なタンパク源だ）、じょうごを使うか水のなかに沈めて水を入れていた。ダチョウの卵はとても大きく、かなり強いので、数リットルの水を運ぶことができる。サン人のような部族は創造性と創意工夫という点でさまざまな教訓を与えてくれ、最初はわからなくても、身のまわりには助けになるようなものがあることを教えてくれた。

わたしがいつでもゴミを見張っているのは、たいてい何か役に立つものが見つかるからだ。古タイヤやゴムの靴底は濡れた場所でも立派な着火剤になるし（湿気の多いコンディションで仕事をするときにはいつでも古いタイヤチューブを持っていく）、ペットボトルは水を運ぶのに最適だ。ラッキーだとブリキの空き缶が見つかる。お湯を沸かすのにうってつけだが、水を運ぶ方法を思いつかないといけないかもしれない。樹皮をはがして籠のようなものをつくることができるだろうか。それができるのなら、苔か海藻か蜜蝋をつけて、できるだけ水を通さないようにする。あるいは、服を水につけて、自分の口のなかに絞ることは？ じっくり考えて、自分の好奇心と創造性を解放すれば、自分を生き延びさせる（そしておそらくは楽しませる）アイデアが浮かんでくるだろう。

しかし、好奇心を抑えなければならない状況もある。サバイバルの現場では、ちゃんとした知識がないかぎり、ある種の植物や動物は食べるべきではない。現在の危機は数日しか続かないという望みを持たなくてはならない。人間の体は食べ物がなくても三週間ほどはもつので、はっきりしないものを食べることのほうが危険である可能性が高い。気分が悪くなれば、エネルギーが急速に失われるし、食べたものがなんであれ、それで嘔吐や下痢を起こせば、貴重な体液を失うことになる。毒で命を失わなかったとしても、脱水症状になると、救助が来るまで生き延びられない可能性がある。

数年前に『イントゥ・ザ・ワイルド』というすばらしい映画が公開された。これはクリストファー・マッカンドレスの実話をもとにした映画で、彼は社会生活を離れて、歩いて全米を巡った人物だ。最後はアラスカで、日記によれば、文明に戻ることを決意していちばん近い町まで歩きはじめたが、氾濫した川に行く手をはばまれてしまう。そこから動きが取れなくなった。廃棄されたバスをシェルターにしたが、数カ月後、ヘラジカの罠をしかけていた人がそこで彼の遺体を発見した。

映画の原案となった本を書いたジャーナリストは、マッカンドレスが野生のジャガイモの種をうっかり食べたために中毒を起こしたと考えている。その毒がつねに死をもたらすとはかぎらないものの、毒によって体が弱り、食糧を探しにいくことができなくなったのだろう。好奇心によって死をもたらすものを食べてしまった可能性がある。

マヤやアステカのような古代の文化では、食用か医療用の植物を探して死んだ人々は殉死者と見なされた。彼らのおかげで種族の知識を広げることができたからだ。新しいことを試すのは社会の役には立つかもしれないが、自分のことだけを考えればリスクが大きすぎる。だめだった場合には取り返しがつかないし、自然のなかでは命を救ってくれる救急隊もいないのだから。

理性的に考えて、動物Aが動物Bを食べるのを見たら、動物Bは食べても安全だと思うかもしれない。だが、どんな生態系であれ、動物たちは何十万年もかけてともに進化してきている。アマゾン川で猛毒を持つカエルの一部を消化できる蜘蛛がいるが、それは蜘蛛が毒を処理できるように適応したからだ。ある動物が別の動物や木の実や果実を食べたからといって、毒がないとは言えないのだ。

二週間生き延びることができたら、食糧探しを優先させる必要があるだろう。いちばん安全なのはトカゲや昆虫や魚だ。ヒルの味は好きになれないだろうが、加熱すればまったく危険はない（それにフライにすれば味もそんなに悪くない）。わたしの知るかぎりでは、齧歯（げっし）動物に毒を持つものはおらず、淡水魚は、内臓を取り除いて加熱して寄生虫とバクテリアを殺してしまえば、すべて安全に食べられる。ベリー類とキノコ類は、その種類に確信が持てる場合でないかぎり、食べないようにしている。

知識がありすぎてもだめなときがある。英国陸軍特殊空挺部隊のサバイバル・マニュアルには、ありとあらゆる独創的な水の見つけかたが書かれているが、現実は、砂漠で井戸を掘ったりしたら、水が見つかったとしてもそれ以上の大量の水分を汗で失ってしまう。食糧に関しても同じだ。ある種の動物を見つけて、食べられるようにするためには、そこから得られるカロリーよりも多くのエネルギーを消費してしまう。サバイバルとはエネルギーの保存であることが多いので、いちばん賢いやりかたは、あなたのために何かが仕事をしてくれる方法を見つけることだ。たとえば、ひと晩水につけておける釣り針と釣り糸をつくれば、寝ているあいだに川が仕事をしてくれる（とはいえ、夜に釣り糸をセットしておく方法を含め、釣りのなかにはあまりにも効率がいいなどの理由からイギリスでは違法になっているものもあることを指摘しておかなければならない）。

このような理由から、サバイバルでは腕力よりも知力が必要なのだとわたしは言っている。脳は筋肉と同じで、強く柔軟に保つためにはよく働かせておかないといけない。だから、脳の健康を保つ方法をいますぐはじめたほうがいい。ポケットのなかには何が入っている？　目の前には何がある？　それを使って何ができるか考えてみよう。次は別の使いかたを考える。そしてまた別の使いかたも。まちがった答えはないから楽しめばいい。大胆に。遊び心を持って。最初の答えがうまくいかなくても、そこから解決策が見つかるかもしれない。それが命を救ってくれるかもしれないのだ。

Part 6

アクティブなマインド

The Active Mind

この本の冒頭で、考えなしでは三秒間で命を落とすと書いた。脳をアクティブにして、スイッチを切ってしまわないでおく方法が見つけられたら、ハンドドリルで火をおこす方法を学ぶよりもサバイバルに役立つだろう。

理性的に考えると、探検旅行の最高のガイドはつねにその環境で過ごしている人だと思うかもしれない。あるリーダーの探検旅行では悪いことが一度も起こったことがないとわかれば、さらに安全だと感じるかもしれない。できることなら、毎日同じ山に客を連れていき、悪いことが一度も起こっていないガイドを選びたいだろう。ある日雪崩が起こって、そのガイドが率いているグループのなかから死人が出たとしても、みながこう言うのが予想できる。「あんなに経験を積んだガイドだったんだから、誰がガイドでも同じことが起こっただろう」と。しかし実際は、そのガイドが現状に満足してしまっていて、〝経験則の罠〟として知られているものに陥ってしまっていた可能性は高い。変化を予想していなかったので、まわりのことを考えるのをやめてしまい、変化が起ころうとしているのに気がつかなかったのだ。わたしたちはつい「これまで何も起こらなかったんだから」と考えてしまうので、何かの可能性について考えることすらしなくなってしまうのだ。

経験則というのは、生まれつき備わっている精神的近道で、誰もが日々の日常的な決定や判断で使っている。よく知っていることは信用できるようになるので、以前うまくいったやりかたを繰りかえすようになる。これによって時間が節約でき、ほかのことに頭を使えるようになる。経験則はとても強いものなので、広告業界やマーケティング業界は、それを使ってわたしたちにものを買わせようとする。スーパーマーケットに行けば、安い商品が高級そうに見えるパッケージに入っているのを見かけるだろう。「これはいままでずっと買ってきた商品と同じようなものですよ」と言っているのだ。どんな仕事をしていても、経験則の罠にはまることはある。職場に入ってきた新人に、あなたがいままで見落としていたことを見つけられたという経験はないだろうか。それはあなたがあまりにも長くその仕事に従事しているためだ。自然のなかではきわめて危険になる可能性がある。

トラブルを避けようとして、ある環境での過去の経験だけに頼っていると、経験則の罠に陥りやすくなる。自然のなかではさまざまな変化がある。コントロールできないことがあまりにも多いので、油断せず、頭をアクティブにしておかないと、危険の可能性を知らせている変化に気がつかなくなる。

ひとりでいるときでも友達といるときでも、テレビ番組の安全対策をしているときでも探検旅行を率いているときでも、わたしの頭のなかではつねにシナリオが流れている。客があのぐらついた岩から落ちてしまったら？　どうやって助けだそう？　添え木として使えるものがあるだろうか？　あるいは、もう少し大変なことまで考える場合もある。川にかかっている橋が流されてしまったら？　どうやって渡ろう？　上流に行けば川幅は狭くなっているが、下流に行ったほうが船は見つけやすい。天気のことや、キャンプをする場所や、食糧になるもののことや、銃声を聞いたらどうなるかなどを考える。いつもだ。ずっとそうしている。

ときにはとんでもないシナリオになることもある。目の前に飛行機が墜落してきたらどうなるだろうというような（エイリアンが侵略してきたときのことを頭のなかに思い描いたことまである。飛行機のなかで観た映画のせいだろう）。だが、そのおかげで頭をアクティブにしておけるし、どんな事態にも対処する心の準備ができる。それにちょっと楽しいことでもある。『ワールド・ウォーZ』［訳注：二〇一三年公開のアメリカ映画］のようにエイリアンの動きが速かったら、あるいは『ウォーキング・デッド』のように遅かったら？　わたしの方針にどんな影響が出るだろう？　一カ月探検旅行を率いて疲れているときには、こんなことを考えて疲労と闘う。こんなふうにプランを立てることには別の効用もある。シナリオのなかでつねに問題を解決する役割をしていれば、自信がつき、必要なときに積極的に対応できる可能性も高まる。

わたしのシナリオはほとんどいつも最悪のケースを想定しているので、客がそれを知ったらわたしのことを病気だと思うかもしれないけれど、それによって心の柔軟さが保たれている。大切な特質だ。探検旅行で事態が悪化するときには、かなり不規則に悪化していく傾向がある。すばやく対応すれば、状況の悪化を軽減しやすい。次に起こる失敗はいつも前回のものとはちがうし、同じことが起こったとしても、解決策はほぼまちがいなくちがうものになる。GPSが故障した場合なら、場所によっては太陽や星で自分の位置がつかめるが、鬱蒼(うっそう)としたジャングルや深い霧のなかにいたら、コンパスか、水の音や近くの道路の音のような、耳で聞こえる情報に頼る必要がある。

アドベンチャー業界でよく言われていることがある。物事がうまくいく九十九パーセントの場合に備えて計画するのではなく、一パーセントのうまくいかない場合に備えて計画するのだ。救助が必要とされるのは、たいていの場合、完璧にいかなかったときの準備をしていなかったためだ。毎年何千人もの人々がアルプスを一周する四十キロのトレッキング〈ツール・ド・モンブラン〉に挑戦する。天気が良ければ難しいコースではなく、簡単といってもいいくらいだ。標識（または同じルートをたどるほかの人）についていけばいいだけだ。めったに問題は起こらないが、天気が悪くなると、驚くほど多くの人が道に迷ってしまう。標識はおろか、道も見えなくなってしまうからだ。

天気が変わりそうなことくらいわかると思うかもしれないし、戻るように警告を受けるだろうと思うかもしれないが、天候は信じられないくらい速く変わることもある。視界がほとんどゼロになった場合にどうするかを想定していないと、死をもたらすような決断をしてしまう可能性もある。わたしがシナリオをつくるのは、地図を調べ、逃走ルートを暗記し、仲間や客を安全に下山させる方法を見つけるためだ。

シナリオを考えるのは楽しい。バッグのなかに入っているもので、誰かが目の前でルートから落ちたときに使えるものがあるかを考えたり、彼らを助けるためにどうやって崖を降りるかを考える。どうやって状況を安定させるか。どうやって助けを呼ぶか。まわりにあるものを使って、どうやって事態を好転させるか。そのような状況に対処する能力を持っている自分を誇りに思う。そんな自信の一部は明らかに経験から来ているが、つねにシナリオを考えているということは、何かがうまくいかなかったときのために、いつでも複数の行動プランが用意されているということだ。

近年のサバイバル・ストーリーのなかでとても有名になった話が『運命を分けたザイル』という映画になり、賞も取った。イギリス人の登山家ジョー・シンプソンとサイモン・イェーツがペルーのシウラ・グランデ峰頂上からの下山中に、ジョーが滑落して足を骨折した。救助が不可能であることはわかっていたので、ふたりはジョーをロープで結んで降ろすことに決める。だが、激しい吹雪のなか、ジョーはクレバスに落ち、サイモンにはロープを切るという選択肢しか残らなくなる。そうしなければ、自分もクレバスに引きずり落とされるか、救助を待って死ぬしかないからだ。つらい決断だったが、ふたりが必死で考えたシナリオをすべて検討して、サイモンは自分を救うことができる唯一のことをした。驚くべきことに下に落ちたジョーは生き延び、脚を骨折していたのに、五日後にベースキャンプまで這ってきた。サイモンが文明社会に戻ろうとした数時間前のことだった。

サイモンには決断を下すまでに数分あったが、ほんの数秒でプランを思いつかなければならないことも多い。それより短いこともある。しばらくまえに、わたしはふたりの友人とともにアルプスでロッククライミングをしていた。ロープでおたがいの体を結びつけ、わたしがまんなかになり、岩だらけの谷で氷上をトラバースしていた。下は百メートル近くある崖だった。わたしたちの頭上では、山岳ガイドが谷を抜けるパーティーを率いていて、彼らの足元の石がわたしたちの上に降り注いでいた。わたしたちは彼に向かって、もっと上に移動するように叫んだが、彼はルートを変えようとはしなかった。数分後、岩が転がり落ちてきて、わたしの前にいた友人に当たり、彼は倒れて後方に回転しながら崖の表面を落ちていった。

わたしたちのあいだのロープはおそらく五メートルくらいだった。何に反応してまにあったのかわからないが、わたしは一秒もたたないうちに反応したはずで、三人全員が崖の下に落ちてしまわずにすんだ。彼がわたしの前で移動していたとき、とがった小さな岩の上を踏んだのを見ていた。わたしは地面に伏せ、その岩のまわりに腕を巻きつけた。わたしの後ろの友人がその岩にロープを結びつけることができ、ふたりでもうひとりを引きあげた。

このふたつの話のポイントは、アクティブなマインドを持ち、つねに危険と解決策に敏感であることも大事だが、反応できる本能も必要だということだ。マッスルメモリーが大切な役割を果たすのは、ときには脳が意識的な決断を下すまえに体が反応するからだ。それがわかるのは、ショートロープ（安全のために短いロープで相手を確保する登山技術）を使っているときだ。緊張している客や撮影に集中しているカメラマンをショートロープでつないでいるときに、彼らが滑ったりつまずいたりすると、わたしの体がすぐに反応する。彼らをつかむだけでなく、転倒の衝撃をやわらげるように、体が勝手にいちばん力が入るポジションになり、転倒を防ぐか、安全に着地できるようにさせる。このような肉体的・精神的反応は経験によって向上していくが、しょっちゅう凍った崖につかまっている人はほとんどいないので、そのような本能や、行動を起こす能力をどのようにテストすればいいだろう。それはどこにいてもできるとわたしは信じている。

今度車を運転するときには、歩行者が飛びだしてきたり、後ろの車が追い越しをかけてきたり、バイクが急に横に入ってきたら、どうするか想像してみてほしい。あるいは職場で、隣の席の女性が急に倒れたり、エレベーターに閉じこめられてしまったら？　こんなシナリオを頭のなかに浮かべれば浮かべるほど、どうすればうまくいき、どうすれば突飛な行動になってしまうかという感覚が得られるようになるが、自分の頭をそうやって訓練していることで、最初に反応できる人間になる可能性がうんと高くなる。アスリートはよく目標を達成する姿を思い描く〝イメージ・トレーニング〟について話す。通常は、より高く跳んだり、より遠くへ投げるといった、非常に限られたイメージを思い浮かべることだが、あなたの脳でも同じことができる。いままでやったことがないことが可能だと信じこませるのだ。

アクティブなマインドは、テレビ業界では特に大切だ。ある週には砂漠で水源を探していたと思ったら、次の週にはジャングルで滝のなかを出演者が懸垂下降する姿をどうやって撮影しようか考えていたりする。時差ボケで一日十八時間のプレッシャーに耐える日々のなかでも、すばやく適応できなければならない。

わたしたちはカメラの前にいる人たちとも後ろにいる人たちとも仕事をしていて、装備のセッティングを手伝い、それを条件に合うように調整する。どんなスタントでも準備をして、テストし、ヘルメットやライフジャケットなど必要とされる安全装具が充分に正しい場所に揃っていることを確認し、出演者が到着したときにできるだけ早く撮影がはじめられるようにしている。

撮影中は、出演者やスタッフがいいシーンを撮ることに専念できるように安全に責任を負う。わたしたちは彼らを確保するか（ビレイというテクニックで、摩擦を起こしてクライマーが倒れるスピードを緩めたり、止めたりする）、険しい地形ではショートロープを使い、彼らが必要な映像を撮影することだけに専念できるようにする。番組によっては、さらに司会者の評判によっては、彼らをエキスパートのように見せることもわたしたちの仕事になる。かかわっている人たちの技術レベルにもちがいがあり、仕事をする環境も幅広いが、わたしたちがテクニックと装備を充分に備え、最短時間で望ましい結果を安全に手に入れられるようにすることが大切だ。

テレビ番組には多額の制作費が使われていると思っている人は多いが、つねにそうとはかぎらない。予算が限られているときにはスケジュールもタイトになり、かつては二週間以上かけてつくっていた番組をいまでは数日でつくっている。安全確保のスタッフにとって刺激的で挑戦的なのは、起こりうるすべてのシナリオを細心の注意を払って考え、そこにある危険を最小限にし、軽減しなければならないからだ。すばやく考え、問題を解決していくことは、わたしが大好きな仕事だ。

スタッフは誰もがすばらしい番組をつくりたいと思っているが、その安全を守るのはわたしたちの仕事だ。ときには、充分に検討した結果、ある種のスタントにはノーと言わなければならないときもあるが、そういう場合はいつも代案を思いつく。ここでわたしたちの専門知識が生かされる。起こりうる問題がいつどこに潜んでいるかを理解し、予測できるからだ。そうすれば、その問題を除外するか、プランのなかに組みこんでいくことができる。

業界で最高のチームと働いているからといって、そのなかの誰もがいつでも休めて誰かほかの人に基本的なことをすべて代わってもらえるというわけではない。テレビ番組の仕事でコスタリカにいたとき、ジャングルのまんなかで、司会者と出演者たちといっしょに崖を懸垂下降しなければならなかった。そのときは知らなかったのだが、安全確保チームの別のメンバーがあるアイデアを思いつき、プロデューサーにすごくおもしろい映像が撮れると提案した。彼は懸垂下降のロープにプルージックコードと呼ばれる余分なループをつくった。彼のアイデアでは、プルージックコードが切れてしまうと、出演者（あるいは司会者かわたし）がそのループの長さだけ落ちてしまい、結びかたを失敗したと思ってしまう。そこで悲鳴。そこでドラマが生まれ、プロデューサーが喜ぶというわけだ。

ありがたいことに、コードがまちがったかたちで切られそうになっていることにスタニが気づいた。ナイフの刃がゆるんだループのほうに向いていたのだ。ナイフをすぐに取り除かなければ、出演者が下降をはじめたとたんにゆるんだループが引っぱられて刃に当たってしまう。ロープにそれだけの重さがかかっている場合、鋭いものに当たった瞬間に切れてしまう。出演者は落ち、命を落とさなかったとしても、大怪我になったのはほぼまちがいない。

最初にこの話を聞いたときには、二本めのロープがあるから助かっただろうと思った。ところがふたをあけてみたら、二本めのロープはなかったことがわかった。本来なら、ダブルロープシステムを使うのが理想だが、かならずしもそうしなければならないわけではない。そのロープでヘリからジープをぶら下げたこともあるくらいだから、頑丈であることはまちがいない。だが、より安全にできるのに、しかも未経験の参加者がいるときに、そうしないわけがあるだろうか。視聴者に気づかれることはまずないし、それでもすばらしい番組になるはずだ。わたしたちはみなスタニの用心深さに感謝した。それはアクティブなマインドの重要さを示す例というだけでなく、経験豊富で能力の高い安全確保チームがいかに大切かをわからせるものにもなった。

最近心配になっているのは、制作会社が安全確保スタッフを雇わなくなってきたという話をよく聞くようになったことだ。思いつく理由はふたつある。優秀な安全確保チームと働いていると、あまりにもやすやすと仕事をこなしているので、彼らが提供したサービスに気づかないという理由か、あるいは悪い経験をしたという理由だ。安全確保の業界に入って日が浅い人は、登山客をガイドするときと撮影隊をガイドするときのちがいがわからない。

客をガイドするときには、普通はロープを装備する時間があり、その使用法を時間をかけて説明する。撮影隊が必要としているのはまったく別のことだ。彼らは休暇中ではなく、仕事をするために来ているのだから、時間をかけられない。ペースが変わってしまうと多少の衝撃を与える場合もあり、そうなると経験が浅い安全確保チームは活動にストップをかけてしまう。スタッフを探検旅行の客のように扱ってしまうためだ。するとスタッフは必要な映像が撮れず、次のプロジェクトでは安全確保チームを連れていかないほうがいい番組になるかもしれないとプロデューサーが考えるわけだ。

最近南アフリカである医者と仕事をした。彼はプロデューサーが彼の懸念に耳を貸さなかったために別の番組を降りたと言う。彼がいた番組では、安全確保チームには武装した森林保護官ひとりしかいなかった。その疑問をぶつけると、安全確保チームを揃えると刺激的な番組に必要なことをスタッフにさせてもらえなくなるからだと言われた。このときの〝刺激的な番組〟では、出演者に毒のある果物を食べさせて、肝臓と腎臓に完治しないダメージを与えた。倫理に反しているだけでなく、プロの安全確保チームならプロデューサーを助けてもっと刺激的な映像を撮らせたはずだ。わたしたちはスタッフが限界を超える手助けをする。最高のスタントを安全につくりだすことができるからだ。

ベア・グリルスの番組では、ロケ地が遠隔地であることと、仕事をする環境を考えるとリスクはかならずある。だが、安全についてはまじめに考えられている。スコット・ヘフィールドとわたしがアシスタントとして出演しているベアの『Mission Survive』の最新シリーズでは、有名人のグループを地球上でももっともタフな場所に連れていき、彼らのために用意された懸垂下降のスタントで怖がらせた。出演者たちは気づいていなかったが、実はスタントをするために歩いた道のほうがずっと危険だった。ゆるんだ頁岩を踏みはずすと斜面から転げ落ちてしまう。出演者が考えているリスクとわたしたちが彼らに安全だと思わせている実際のリスクにちがいがあることが、いいリアクションが撮れるコツだ。比較的緩やかな斜面では、注意が散漫になり、本当に危険になる。

最近でも、アクティブなマインドを保ち、すべてに疑問を抱くことの大切さを再認識した機会があった。中国のテレビの新番組のために予備調査の旅をしたときだ。どの注文が制作会社から来て、どの指示が中国政府から来ているのか区別することは難しかった。最終的には、ふたつは同じものなのだという結論になった。そのせいで旅は非常にストレスが多いものになり、わたしたちが着くまえに何もかもが決められているようだったので、こちらの仕事をする余地はほとんどなかった。彼らがどこかのロケ地で撮影してほしかったら、わたしたちはそこで撮影するということだ。ある時点で、わたしはもうそれ以上反論することができなくなり、彼らの言うとおりに動いていた。脳の一部のスイッチを切ってしまって、彼らがどこへ連れていこうとしているのか尋ねることもしなかった。その結果、海抜四千五百メートルの高地に連れていかれた。

高山病は非常に悪化することがある。酸素の欠乏によって、疲労、頭痛、吐き気、めまいが起こり、ほとんど動けないような状態になる場合もある。その症状は不思議なほどランダムに起こる。先週エベレストに登って平気だったのに、今週もっと低い山に登ったら、体が言うことを聞かなくなることもある。いくつかの研究で、なぜ、どういうときに高山病になるのかが調査されたが、まだ誰がかかるかを予測する方法はない。その旅ではわたしがかかった。

あとから考えれば、担当者をせっついてどの高さまで連れていかれるのか確かめておくべきだった。だが、それでよかったことは、頭痛と吐き気に襲われたおかげで、〝つねに〟正しい質問をし、けっしてもう二度とスイッチを切ってはいけないと再認識できたことだ。そうすれば、自分の生命に影響を及ぼす決定の主導権を持ち続けることができる。

Part 7 共感

Empathy

共感とは、ほかの人の気持ちや感情に気づき、理解することだ。それによってほかの人の立場になり、彼らが経験していることを理解できるようになる。共感によって人とのつながりができ、人間関係が築かれる。社会をまとめる力のひとつだ。

サバイバルに関して言えば、共感はほかの人の立場になってその苦痛に反応するという以上の意味を持つ。その洞察力をまわりの環境や自分自身の体に向けても広げていけるからだ。共感によってまわりの世界を自分の意見をまじえずに見られるようになり、自分自身に共感できれば、それまでに身につけた困難に対処する方法を使って、より賢明な選択ができるようになる。

共感とは、まちがいなく直観をともなう特質なのだが、背後で働いている無意識よりは意識的な脳の働きによるものがずっと大きい。アスペルガー症候群の子供たちに関する研究によって、共感を高める方法が開発されてきた。アスペルガーの種類によっては過度の共感を持つ人もいるが、多くは共感の欠如と結びついている。研究で使われた方法には、子供たちにほかの人のことを考えさせて、彼らが何が好きで、どんな仕事をしているのか描写させるというやりかたもある。これによって子供たちは、自分とはちがう人について意味のある描写ができるようになる。わたしたちの多くはこれを自然にやっているが、教えられることなら、多少努力すれば誰でも共感力を高められるはずだ。練習すればするほど、危機が起こって必要になったときに共感を呼び起こすことができるようになる。

アブラハム・マズローの欲求の階層にはなじみのある人もいるだろう。一九四〇年代に人間を動かすものは何かを調べた有名な研究だ。それは通常五つの層を持つ三角形で表される。いちばん下の層は生命を維持するための基本的な欲求である、食物、水、暖かさといった純粋なサバイバルの層になっている。その上は安全と安心で、これがなければ次の層の欲求に関心を向けることができないからだ。次の層とは、ほかの人とのつながりと有意義な人間関係だ。虐待を受けるような人間関係を抱えている人、特に子供の場合は、安心を感じることができず、情緒的愛着を持ちにくくなる。マズローは、下の層にあるものを手に入れないかぎり、上の層には到達できないと示唆している。三角形の頂上は、自分の能力を最大限発揮し、満足を得ることだ。

あまり認めたくない場合もあるのだが、この三角性の頂上に行く方法は、ほかの人に「ノー」と言い、自分に「イエス」と言うことだ。完全に成功した人間になるためには、この理論によれば、自分のことをきちんと知らなければならない。これが自分に共感するということの本当の意味だ。

自分への共感の一部は受容だが、自分の必要とするもの、考え、気持ちを理解し、それが自分のまわりの人々や環境とはちがうかもしれないのを理解することでもある。それを認識することで、最高の仕事ができ、サバイバルに必要なこともできるようになる。

「人を助けるまえに自分を助けなさい」という言いまわしは、サバイバルの現場ではとても大事だ。自分が必要とするものがわかり、それを受けいれ、手に入れることができれば、あるいは少なくとも手に入れる努力をしているとわかっていれば、自分を守るために大きな役割を果たす。自分がだいじょうぶなら、基本的欲求を満たそうと苦労しているときよりも、ほかの人をずっとたやすく支えることができる。たとえば、別れようとしている夫婦は離婚という現実を受けいれてから、子供たちに告げたほうがいいだろう。これをもっともシンプルに表しているのが、飛行機のなかでの救命具の説明で、自分が酸素マスクをつけてからほかの人を手伝えというものだ。人生のほかの場面でもあてはめることができる。その場における隠喩的な酸素マスクをつけて呼吸ができるようになれば、ほかの人をちゃんと助けられる立場になる。

共感が危険になるのは、ほかの人に対する深い気持ちが同情に変わってしまうことだ。共感が人の感じかたを理解して受けいれられること、あるいはその気持ちを予測できるようになることだとすれば、同情は彼らの感情を自分のものにしてしまうことだ。これの良い（とはいえかなり極端な）例は、クバード症候群というもので、別名は擬娩（ぎべん）といい、妊娠した女性のパートナーが同じような症状や行動を示し、体重が増えたり、つわりがあったり、ホルモンレベルが変化して、睡眠パターンが変わってしまうというものだ。サバイバルの現場で同情が危険になる場合があるのは、自分の直観を利用しなくなってしまい、まわりの環境からのシグナルにも気づかなくなるからだ。

探検旅行のリーダーとして大切なのは、客への共感と同情を分けておくことだ。メキシコへの旅でこれを苦労して学んだ。客のグループを南北アメリカ大陸で三番めに高いオリサバ山に連れていったときだ。アメリカから来た五人の友人グループで、四十代から五十代、男性四人と女性ひとり、そこに地元のガイドがついていた。特別な登山技術を必要としないため、登山家ではない人たちに人気の山だ。オリサバは休火山で、マッターホルンのような山とくらべるとかなり緩やかな地形だが、それでも氷河を越えるためにはアイゼンとピッケルが必要だ。孤峰なので、景色のなかにそびえたっていて、そのためにひとつのことに集中しやすくなる。つまり頂上に達することだ。

わたしたちはかなりゆったりとしたペースで進んでいた。登りながらさまざまなキャンプで夜を過ごし、高度に体を慣れさせるようにした。最後の朝、荷物をまとめて頂上に向かう準備をしていたのだが、天候が何かおかしいようにわたしには感じられた。朝の五時か六時ごろで、日の出直後だったのだが、空が妙に黄色く見えた。何が気になっているのかはっきりわからなかったのだが、それまでの朝とはちがう色だった。地元のガイドにそのことを話すと、彼も不吉に見えると言った。

グループを集めて、天候が変わりそうなので小屋にとどまるべきだと告げた。その話をするのはとても難しかった。話せるのはそういう気がするということだけだったからだ。当然ながら、彼らは頂上へ向かうべきでないことの根拠、もっと言えば証拠となるものを求めた。オリサバのような山に登るときの心配のひとつがその高度による危険度だ。高い場所では守ってくれるものがない。そのため、天候が悪化すると大きなトラブルに見舞われる可能性がある。もちろん、その会話がさらに厳しいものになったのは、頂上に行くために彼らがわたしにお金を払っていたからだ。

〝サミット・フィーバー（頂上熱）〟というのは、安全ではないとわかっていても頂上に着きたいという過度に不合理な欲求で、経験を積んだ登山家でもその病気にかかってしまうことがある。ここまで数千メートルを登ってきて、頂上がわずか数百メートル先にあるとしたら、自分に登頂する能力があると思うのは当然だ。それだけ登ってきて、そんなに近くまで来ているのに、頂上までたどりつけないとなれば夢を奪われたように感じるだろうが、数千メートル登ってきたあとの数百メートルというのは、実はかなり長い道のりになる。

同じ山小屋にいた別のグループが出発を決めて出ていったために、わたしの意見は不利になった。わたしのパーティーにいた男性のひとりは嵐が来るという証拠を求め続けていたが、携帯電話の電波が来ていないため、グーグルで何かを出すこともできない。窓の外を見ても晴れていて、頂上も見えていたので、説得力がなかった。

彼らの考えかたに飲みこまれてしまわないようにするのは本当に、本当に大変だった。わたしのなかにも頂上に行きたい気持ちがあったからだ。それに客にはいつも払った料金に見合うだけの経験をしてほしいと思っている。彼らの欲求不満は完全に理解できたし、その欲求不満に対する共感は彼らの立場への同情に近づいていた。「わかりました、行きましょう」と言うのはとても簡単だったはずだ。なにしろ、ガイドをしていないときには、わたしはいつでも限界を超えて自分が決めた目標を達成したいという欲求を感じているのだから。そういった欲望がつねに表面に浮きあがってきていると きでも、客といっしょのときには抵抗することを学ばなければならなかった。反対する五、六人に自分ひとりで対峙しなければならないのはとても孤独だ。最終的には、数時間待って様子を見ようということになった。

二時間後、雲が広がり、もう頂上は見えなくなった。まもなく、朝いちばんに出ていったパーティーが戻ってきて、風がかなりきつくて危険だと告げた。わたしたちはそのあと二日間山小屋にとどまったが、最終的には登頂することができた。いまその旅を振り返ると、まわりへの共感を持つことの教訓にもなったが、共感が客への同情へと変わってしまう危険もあることを学んだのがわかる。

わたしがこのふたつの感情を分けておくことができる理由の一部は、自分のまわりに共感する能力が自分に対してもあるからだ。自然のなかで長時間ひとりで過ごしてきたので、自分の反応や直観や恐怖をよく理解していて、その影響で自分の判断に重きをおくことができている。

多くの人が自分への共感を育てることに苦労しているが、自分のまわりにいる成功した人を真似して、それを自分なりのかたちでやればいい。「ああ、こうすればとてもうまくいくんだから、それを真似しよう」と言うのはわりと簡単だが、自分の個性と状況に合わせたものにしないと、自然に根づいた自分の特質にはなってくれない。

例をあげればわかりやすいだろう。慣れない環境にいるときは、食べても安全なもの、シェルターやいかだをつくるために使えるものを知るのはやはり難しい。そういう理由もあって、わたしはできれば、そういった情報を持っている現地の部族と協力するのが好きだ。彼らがシェルターを地面から離してつくっていれば、わたしもそうするべきだ。彼らが特別な罠を使っているのは、それがうまくいくからだ。もちろん短時間で彼らの何年（あるいは何世代）もの経験を身につけることはできないので、彼らの知識を自分が持っているスキルや道具に合わせていかなければならない。彼らのシェルターにそっくりなものをつくろうとしたら、そのスキルには大いに共感しているが、自分の力では足りないことを彼らに示す。自分への共感とは、わたしの考えでは、突きつめれば自分自身を知ることであり、どんな環境へも持っていける適応力のある特質をつくっていくことだ。

幸運なことに、わたしはトップレベルの人たちと働くことができている。元英国陸軍特殊部隊のジャングル戦スペシャリスト、第一級のサバイバル・インストラクター、トップクラスの山岳ガイド、そして現地の部族たちだ。彼らひとりひとりとの出会いから、そのスキルだけでなく、彼らの経験と結びついたサバイバル法の見つけかたも学んだので、ガイドとしての自分のスタイルを向上させることができた。

　自分への共感は、家庭でも職場でも学校でも役に立つ。才能ある同僚や優秀な生徒を完全に真似ることはできないかもしれないが、彼らから学んだことを自分に合うように適用させていくことはできる。別の方法で練習することもできる。セラピストがアスペルガーの子供に対して使うテクニックを利用すれば、つきあいが難しい同僚とうまくやっていけるようになるかもしれない。彼らのなかに感心できるような部分はあるだろうか。あるいは何か興味を引かれるような部分があれば、彼らに対する見かたを変えられるのでは？

　共感という特質を持った人をガイドしていると、それがすぐにわかる。特に若い人にそのような特質があるととても印象的だ。何年もまえ、ラオスのジャングルへ学校の生徒たちのパーティーを引率した。十代の若者は羞恥心があるので、友達の前で愚かだと思われたくなくて質問しないことが多い。そのため、探検旅行の最初の段階では、わたしはトイレに行くことについて話す。大切なことなので、大人のグループにも話すことだ。リーダーであるわたしにとって、メンバーのトイレへの行きかたを知ることは、彼らの健康状態を知るいい方法になる。その話をするとき、特に子供の前では礼儀を気にする必要がないので、わたしはうんこやうんちという言葉を使う。これですぐに緊張が解ける。子供たちがわたしにそういう話ができるようになれば、どんな話でもできるようになる。リーダーとしては、彼らが心配に思っていることはどんなことでも話してほしい。

誰かが下痢や便秘になっていたら、彼らの体のなかで何が起こっているか、多くのことがわかる。水分を充分とっているか、怪しげなものを食べたのではないか。あるいは何かに反応したのではないか。暑さやストレスということもある。

二週間ほどそのジャングルでトレッキングをしていたとき、十四歳の女の子がやってきて、自然のなかで共感を持つことの本当の大切さを示してくれた。友達が旅行中ずっとトイレに行っていなくて、具合が悪くなってきているのと言うのだ。本人は恥ずかしすぎて何も言えずにいた。

わたしがその子のところに行って話を訊くと、探検旅行の最初の数日に泊まっていた山の簡素なティーハウスで、しゃがんで用を足さなければならないトイレにぞっとして、使えなかったと言う。

完全に文明から離れたジャングルのなかに入っても、精神的なものか肉体的な反応かはわからないが、やはりトイレに行けなかった。わたしはなんとかすると言い、便秘薬を持っていたので、それを渡した。バナナを手に入れて、水もたくさん飲ませた。だが、何も起こらなかった。

その子はひどい状態になり、もちろんその時点では彼女が便秘だということはみなに知られてしまった。彼女にとっては死ぬほど恥ずかしいことだった。そんな人里離れた場所にいなければ、病院に連れていっただろうが、医療が受けられる場所に行くには何日もかかる。便秘薬と果物を与え続け、どちらかが効くのを待つしかなかった。

それから五、六日たって小さな町に着いたので、すぐに地元の医療センターに連れていき、非常に強い便秘薬を処方してもらった。それでも何も起こらず、彼女は本当に苦しんでいた。その夜はタイのチェンマイへ向かう夜行列車に乗らなければならなかった。この時点で彼女はとても怖がっていた。わたしはもっと深刻な事態になっているのではないかと心配した。腸がねじれているとか、腸閉塞を起こしているのなら、その苦しみも説明がつく。便秘薬は効いていたが、その結果が出せないのだ。体内に糞便物質が大量にたまってしまうと、脳が毒され、脱水症状になる。摂取した水分が腸にとどまってしまうのだ。恥ずかしさが原因で死ぬこともあるということだ。

街に着くとすぐに病院に連れていき、検査してもらった。結局、彼女の体にはあまりにも便がたまっていたため、看護師が手でそれを取り除かなければならなかった。

わたしに話してもいいと思ってくれたらよかったのにと思う。彼女が自分への共感を充分持っていてくれたら、旅の早い段階で定期的に便秘薬を与えることができ、ほぼまちがいなく問題は解決していたはずだ。退院してからも、彼女は落ちこんだままだった。何も悪いことはしていない。ただ失敗しただけだが、自分を許そうとはしなかった。

その旅でいちばん記憶に残っているのは、彼女の恥ずかしいという気持ちに共感した友人だった。どれだけ危険な状態なのかはまったくわかっていなかったが、本人が何も言えないことがわかっていたので、自分が声をあげて助けてもらおうとしたのだ。その行動が友人の命を救ったと言ってもいい。サバイバーのマインドセットのなかで共感が重要な役割を果たしているのはこういう理由からだ。

Part 8

準備

Preparation

最近ノルウェーでスタニとテレビ番組のための予備調査を終えたとき、次の仕事までに数日間フリーの時間があることに気がついた。スタニには別の探検旅行があったため、わたしは同行していた二歳のハスキー犬タグといっしょに冒険をすることにした。

思いつきで決めたことだったので、事前の準備は二枚の（まったく同じ）地図を買ったくらいだった。トロルトゥンガがさほど遠くないことはわかっていた。ほとんど不可能と言っていいオーバーハングのあるみごとな岩石層で、歩いて往復するのに一週間ほどかかるだろうと考えた。楽譜を読める人がいるように、わたしは地図を読むことができる。地図上の等高線を見ると、頭のなかで3Dの景色になる。その地域の十二月の雪のコンディションの知識をもとに、ルートを考え、冬至までの日数をもとに、一日にどれだけの距離を歩けるか計算した。太陽が出ている時間は長くないからだ。

両方の地図にルートを記入し、片方をタグが背負っていた小さなバックパックに入れた。タグには雪崩ビーコンも持たせていたので、もしわたしが事故に遭い、誰かがタグを見つけたら、わたしがどこに向かっていたかがわかる。その地域に知っている人はいなかったし、急に決めたことだったから、誰にも告げなかった。スタニにメールして、出発する場所といつ帰ってくる予定かを知らせた。やったのはそれだけだ。タグとわたしはふたりだけの小さな冒険に出発した。もっといい画を撮れと命じるプロデューサーもいないし、いつキャンプを設営するのかと訊いてくる客もおらず、自分と犬と広々とした凍った自然だけだった。最近ではめったにないことだから、とてもわくわくした。

テレビの仕事をしているので、ぎりぎりに決まる旅には慣れている。制作会社はしょっちゅうスケジュールを変えるので、この仕事によって予期せぬかたちで身に着いたのが、荷造りの技術だ。一度も使わないものを運んで誰もが大事なエネルギーを無駄にしている。わたしは冒険から戻ってくるといつでも、バッグの中身を全部チェックして、一度も使わなかったものをすべて外に出す。最近では、基本的なものしか入れておらず、今回の旅では、服とキャンプ道具と食糧だけだった。バックパックは十五、六キロしかなかった。

この手の旅で着る服はほとんど同じもので、わたしは重ね着派だ。服が雪や汗で濡れてしまうと凍るので、低体温症になるリスクがある。重ね着なら、上の服を脱いだり、また着たりして、体温調節が効率的にできる。

いちばん下にはメリノウール、その上にレギンスとトップス、いちばん上にはハイテクのスキーパンツをはく。天気がとてもよかったら、その格好でトレッキングをし、頂上に着いたら、ベストと長袖の合成繊維のジャケットを着る。本当に寒くなったら、その上にダウンジャケットだ。濡れたり風が強かったときのために、ゴアテックスの服も持っていく。道具は、テント、サーマレストの自動膨張マット、シュラフ、ジェットボイルの小型バーナーだ。

下着はもう一セット入れていく。それで濡れた服と乾いた服を交互に着ることができる。テントを張るために穴を掘っているときには汗をかく。夜テントに入るとすぐに乾いた下着に着替えて寝るようにすれば、服の水分が凍らない。そんな環境で着替えるのは本当に、本当に寒いので、すぐさまシュラフにもぐりこむ……とはいっても、そこも同じように凍える寒さだ。ただ、気づいていない人が多いのだが、できるだけ少ない服でシュラフに入るのが本当に大切なのだ。多くの人はシュラフが温めてくれると思っているが、それはまちがいで、実際は体がシュラフを温めているのだ。現代のシュラフは、体の熱を吸収して保持するようにつくられている。服を着すぎていると、その仕事ができなくなる。朝起きてきた客が寒すぎて眠れなかったと言うことはよくあるのだが、そういうときは決まって、「服を全部着こんで寝ていたのに」と言うのだ。

わたしはこうアドバイスする。

「今夜は下着だけで寝てみたら？」

「でも、それじゃ凍えてしまうよ」

「いいからやってみて」

そうすると次の夜にはずっとよく眠れるようになる。

それ以外にわたしの荷物に入っているのはナイフ、コンパス、携帯電話、バッテリーパック、ヘッドランプ、ライター、火をおこすためのストライカーだ。ノルウェーから戻って、どうやって旅の準備をしたのかと訊かれたときにはじめて、準備などしていなかったことに気づいた。しかし、そしてこれはとても大きな「しかし」なのだが、その理由は人生のすべてをかけてその準備をしてきたからなのだ。

わたしが冬山登山を経験したごく初期のころに、準備の価値についての大切な警鐘となった出来事があった。友人と湖水地方にいて、グレードⅡの山に登った。比較的緩やかなルートだ。冬山のルートは難易度によってグレード分けされている。グレードⅠはとてもシンプルなルートで、スクランブル［訳注：ロープを使わない登山］より少しきついくらいだ。それに対して、ⅣやⅤは危険度が高く、滑落すればずっと深刻な事態になる。

わたしたちは小峡谷から登りはじめ、しばらくすると顔を見あわせて「ちょっと退屈じゃない？もっと刺激のあることをしよう」と言った。それで断崖の壁に移動した。もちろんロープは持っていなかった。楽そうな小峡谷だけのつもりだったし、どういうわけか友人は手袋も持っていなかった。

それでも、壁面を登りはじめると、雪に覆われて凍ったスラブに出てしまい、すぐに少し刺激がありすぎることに気がついた。なんとかしてスラブの上に登ったが、降りる方法はなかった。勝手に登って面倒なことになってしまい、そこから脱出するには登り続けるしかなかった。壁面はほぼ垂直で、雪と凍った芝地に覆われ、芝をつかもうとしても手のなかでちぎれてしまう。ピッケルもほとんど役に立たなかった。

下は垂直の崖、上は風で飛ばされた雪でできた巨大なオーバーハングだった。降りることはできないが、上に登る方法もわからなかった。岩棚を見つけてそこに立ち、途方にくれた。この時点で友人がパニックになりはじめた。彼の手はあまりにもかじかんでいて、どんなものもうまくつかめなくなっていた。「まずいな」と友人が言った。ものすごく控えめな表現だ。

わたしは断崖をトラバースして横移動し、雪庇(せっぴ)が薄いところを探した。そこから穴をあけられるのではないかと期待したのだ。見つかったものの、穴をあけるのはとんでもなく不安だった。ひびが入ってしまったらオーバーハング全体が落ちてしまい、わたしもいっしょに落ちるリスクがある。なんとか小さな穴はあけたが、それ以上大きくするのは怖すぎた。そこから上に抜けたので、服のなかに雪を入れてしまい、その過程ですっかり濡れて凍えてしまった。だが、なんとかやりとげ、ようやく崖の頂上に着くことができた。

友人に声をかけ、わたしのほうに導き、彼があがってきたときには、ふたりで文字どおり地面に倒れこんだ。生きていることが信じられないくらいありがたかった。だが、まだ大きな危険が去ったわけではない。低体温症、危険な地形、それに疲れすぎていて滑落するおそれもあった。もちろん、準備などしていなかったから、着替えもなかった。いまごろは家に戻っているはずだったのだ。それにちゃんとした夜間登山用の道具も持っていない。持っていたのは小さなLEDのヘッドランプだけだ。山の上でひと晩生き残る方法がないことはわかっていた。降りる方法を見つけなければならない。

さいわい、反対側に小峡谷を通って降りるルートを見つけたので、歩いて降りることができたが、それでも安全ではなかった。車からは何キロも離れていて、雪が激しく降っていたので、道路は閉鎖されていた。長いあいだ通る車もなく、ヒッチハイクもできなかったが、ようやく近づいてくるヘッドライトが見えたので、ほっとして倒れそうになった。パトカーで、乗っていた警官がわたしたちのヘッドランプを見てとまってくれた。

パトカーの後部座席で震えながらすわっていたときには、もし山の上で死んでいたら、まずいことが起こったときのための準備をまったくしていなかったためだとわかっていた。わたしたちは何も深刻なことが起こらない九十九パーセントのための準備はしていたが、残りの一パーセントのための準備をしていなかった。パトカーがわたしたちを降ろしたとき、警官が、「心配いらないよ。先週はクリス・ボニントン［訳注：イギリスの登山家］を拾ったんだ」と言ってくれた。そのセリフでわたしたちの感じているふがいなさをやわらげようとしてくれたのかもしれない。

最近ではとても速く荷造りできるだけでなく、旅をするたびに探検旅行への心の準備にも時間がかからなくなっていることに気がついた。数年前にわかったことだが、出発の準備中、わたしは自分がちゃんとやれるという期待を持っていたものの、探検旅行がプランどおりに行くことはけっしてないので、そんなことをしても役に立たない。どんな環境になるのかを正確に思い描くことはできないので、いまは現地に行ってからそれを吸収するようにしている。客を連れていくときや、テレビ番組の仕事のときは、また事情がちがう。準備の方法は、地図を見ること、その地域の植物と動物（食べるためと捕食動物の可能性の両方）について調べ、罠やシェルターをつくるためにどんな材料が手に入るかを確認することだ。だがわたしひとりのときは、出発してから、すべきこと、旅の途上で思いついたことをしていくのが楽しい。

比較的経験の浅い客を自然のなかに連れていくときには、出発の数カ月前に準備のためのガイドラインを送る。登山用具や衣類の買い物リストとともに、出発前に体を柔らかくするエクササイズも薦めておく。基本的な道具やスキルや知識や健康状態を備えることは不可欠だが、どのブランドのシュラフを買うかよりも、サバイバルにずっと大きな影響を与えるものがある。大きなプレッシャーのもとで明晰に思考し、正しい決断を下す能力だ。ありがたいことに、この能力の準備は毎日できるうえに、お金は一切かからない。プレゼンをするとか、職場でリーダーの役割を担うといった、難しい立場に自分をおき、自らの反応を分析すればいい。

自然災害であれ、人工的なものであれ、災害が起これば予告なしにまわりの環境が一変してしまう。

二〇〇四年の十二月二十六日にスマトラ島で津波の直前にビーチにいた観光客のことを考えてほしい。どうして波が引いていったんだろうと考えていたはずだ。同じような緊急事態では、ふさわしい装備やサバイバル対策を身につけているとは思われない。そんな状況に備える最良の準備は、できるだけ多く自分を試して、自分の脳と体が反応できると信じられるようになることだ。職場で楽な立場でいられなくなるような役割を引き受けてもいいし、自転車でどれだけ速くペダルが漕げるか試してみてもいい。なんであれ大切なのは、苦しい立場に自分をおいて、自分の気持ちに注意を払うことだ。体が脳にどんなシグナルを出しているか。どうすればそのシグナルをより早く感じとれるか。どうすればより良い決断ができるか。気づいたけれど反応できなかったものは何か。生命の危険がないときに自分の反応を分析しておけば、ずっと大きな危険にさらされたときの準備ができる。

とはいえ、そんなことはめったに起こらない。何百回も行った探検旅行のうち、生命の危険を感じた回数は片手で足りる。そのなかのひとつが、六年ほどまえ、タイのジャングルで銃を向けられたときだ。

テレビ番組の撮影中で、出演者とカメラマンとプロデューサーとわたしの四人だった。出演者は非常に健康的でたくましい二十代のダンサーだったが、ふたりのスタッフは少し年上で、健康状態もそこまでよくはなかった。鬱蒼とした原始林のなかをトレッキングし、高さ百～百五十メートルの切り立った尾根を上り下りしていた。湿度がとても高く、一日数キロしか進めなかった。地図上では何もないように見えるが、ジャングルの上空から撮った写真だけをもとにつくられた地図だからだ。地上の地形はまったくの別物だった。

肉体的にかなりきついトレッキングだったが、わたしたちは比較的効率よく水分補給をしていた。竹と籐で水筒をつくっていて、毎朝その日の分の水を沸かしていたのだ。その地域にはリアナのつるもあり、このつるは自然に水を蓄え、濾過しているので、切ってそのまま水を口に入れることができる。

五日めに三、四時間歩いたところで、次の尾根の頂上に近づいていた。頂上に近づくのがいつでも気分がいいのは、数分後には下りになるのがわかっているからだ。だが、その頂上に近づくと、突然平原が現れた。焼き払われたような場所で、おそらく幅百メートルほどの広さがあり、草が茂っていた。腰までの高さの植物を見て、すぐにケシだとわかった。アヘンを採るケシだ。考える時間は一瞬しかなく、おかしなことだが、ライフルを持った男たちが目に入るまえにこう言っていた。

「伏せて！」

カメラマンはレンズをのぞいていたので、反応が遅れた。

「伏せて！」

武装した男たちに見られ、彼らの叫び声が聞こえた。こちらに向かってくる。

「すぐにここから逃げないと」とわたしはチームのみんなに言った。出演者は驚きのあまり反応できないようだったが、逃げないとまちがいなく殺される。

自分たちの命が危険にさらされていると思う理由がちゃんとあった。準備ができていたのだ。ジャングルに向かうまえに、制作会社が雇っていた現地のコーディネーターと飲んでいて、その地域にアヘン畑があることを聞いていた。その会話をしていなかったら、花が咲いていないケシを見ても気づかなかったかもしれない。それにあれほど決然とした反応もできなかったかもしれない。だが、コーディネーターの話を聞いて、アヘン売買の警備をしている男たちは、こちらの姿を見たらすぐに撃ってくると確信していた。そのケシは非常に価値があり、まちがいなく違法なものだったので、自分たちの畑の場所を警察に届ける可能性のある者は誰でも殺すはずだ。こちらも武装していれば反撃できたかもしれないが、丸腰だったわたしたちは逃げるしかなかった。

それまでの行程ですでに疲れてはいたが、わたしは尾根にそって移動した。まっすぐ降りなかったのは、滑って転倒する危険が大きかったためだ。転倒してしまえば、格好の標的になる。谷底で身動きが取れなくなることも避けたかった。身を低くして下生えのなかを進み、できるだけ速く走った。背後ではライフルを持った男たちが叫んでいる。こちらと向こうとのあいだにできるだけ多くの木がある状態にするため、ジグザグに動いて撃ちにくくした。向こうが撃ってきたという記憶はないが、プロデューサーは撃ってきたと言っている。

出演者とわたしはペースを保つことができたが、比較的小さいキヤノンのカメラで撮影をしていたカメラマンが遅れてしまう危険があった。彼は数回倒れ、泥に足を取られて滑ったが、なんとか立ちあがった。わたしは目の前の地形が異常なほどよくわかるようになったのを覚えている。ほとんど動物的な感覚で、向かっている先に罠や崖がないことを確信していた。後ろにいるカメラマンの呼吸が重くなっているのが聞こえていた。前方に倒れた木の幹があった。よけて通るには大きすぎたので、彼がそれを乗り越えられるかが不安だった。

わたしがカメラマンに手を貸しているあいだに、残りのふたりが乗り越えた。そのすきに後ろを見るチャンスがあった。男たちの姿は見えなかったが、声は聞こえた。逃げ続けなければならない。だが、カメラマンにはあまり力が残っていないこともわかっていた。

一時間近く逃げたところで、充分離れただろうと思った。シェルターになるものを探すと、大量の木片に囲まれた倒木を見つけた。四人でその後ろに隠れて、息をととのえた。アドレナリンが激しくあふれていたので、まだ追われているかどうかもわからなかった。耳のなかで血がどくどく流れていて音が聞こえなかったからだ。じっとしていれば、自分たちの身を危険にさらしている可能性が高いのはわかっていた。じっとしているのと逃げるのでは、どちらが安全か。それを知る方法はなかった。

ジャングルは鬱蒼としていて、遠くまで見わたすことはできなかった。男たちは数メートル先かもしれない。わたしたちに気づかずに追い抜いてしまったのかもしれない。脈拍が少し落ち着いてから、まわりの音に注意を向けてみたが、鳥の警告音や虫の音や捕食動物の気配に耳を傾けながら、そのような音は男たちの存在を示すだけでなく、わたしたちの存在も示すものだとわかっていた。

怖かったが、カメラマンがそれ以上走れないこともはっきりしていた。そこにすわって待つことしかできなかった。さらに一時間が過ぎ、話してもだいじょうぶだと思ったが、それでもまだひそひそ声で話していた。

その地域から完全に脱出する必要があるとわたしは決断した。衛星電話を持っていたので、信号が入る尾根の上までひとりで行き、番組の安全担当の責任者と話をした。彼は元軍人で、危険であることを理解してくれた。助けに来てほしいか、医療を受ける必要があるかと訊かれた。短い会話で意見が一致したいちばん安全な方法は、わたしたちがスタッフのベースキャンプまで行って、そのあいだに彼らが番組の残り時間のために、ジャングルの別の場所で撮影する準備を整えるというものだった。わたしたちはキャンプしなければならない。暗くなるまでにベースキャンプに着くのは無理だったからだ。

厳しい夜になった。アドレナリンがおさまることはなかったが、基本的なことに集中することで楽になるのがわかった。たき木や水やシェルターや食糧といったひとつひとつの決まりごとによって、人生が続いていくことを少しずつ思いださせてもらった。夜はキャンプファイアのまわりにすわった。みな眠れないことがわかっていたからだ。炎を見ていると、コーディネーターとの会話に意識が戻っていった。ケシの話をしていなかったら、その日はかなりちがう結末を迎えていたはずだ。

テレビ番組のためにタイのジャングルへ行った別の探検旅行でも、準備の大切さを思い知らされたことがある。わたしは山のなかの鬱蒼とした森にいた。ヘリコプターに上空からウインチを落としてもらう場所が必要だったからだ。わたしの仕事は、ベースキャンプから、ウインチを落とす場所としてあらかじめ決めてあったＧＰＳの位置までの道を切り開くことだった。朝早く、マチェーテ、水のボトル、ＧＰＳ受信機、コンパス、防水ジャケット、無線を持って出発した。山を登りながら道を切り開いて、八時間ほど過ぎたころ、ＧＰＳの場所に着いたので、木のあいだにウインチが抜けられるだけのスペースをつくらなければならなかった。蒸し暑い気候のなかでは、かなり体力を消耗する作業だった。伐採が終わったのは午後のなかばで、日が暮れるまえにベースキャンプに戻る時間はあまりなかった。だが、心配はしていなかった。もう自分で切り開いてきた道があったからだ。

ところが、まわりを見まわしても、道は見えなかった。

道をつくるときには、いつでも木の幹に新しいしるしをつけていく。普通は樹皮にダイヤ形を刻んで、暗い色の樹皮のなかで目立つように白い標識をつくる。だが、それがひとつも見えない。ＧＰＳ受信機を出して、設定を逆にし、出発点に戻ることにした。ところがバッテリーが切れている。スペアも持っていなかった。もう一度幹のしるしを探したが、見つからない。

そのジャングルはものすごく鬱蒼としていた。高さ百メートル級の木々に完全に取り囲まれていた。どちらを向いても、まったく同じに見える。ジャングルのなかの視界は霧のなかにいるときと雰囲気が似ている。見えるのはわずか六百メートルほど先までだ。木の葉が大量に茂っているし、密生した林冠の下にいると太陽も見えないからだ。どの方向に行くべきか知る方法はまったくなかった。

突然、圧倒されるほどのパニックが胸から湧きあがってきた。ベースキャンプからは何時間も離れていて、もう夕方で、ジャングルで安全に快適に夜を過ごすための道具は持ってきていない。それにものすごく暑くて、脱水状態になっているのもわかっていた。パニックが脳をストップさせてしまい、視野が狭くなって見えるはずのものも見えなくしていた。本当に恐ろしい感覚で、これも体が闘争か逃走かに備える原始的反応だが、その状況では闘うものは何もないし、もし逃げるとしても、どちらの方向に行けばいいかまったくわからなかった。

数回深呼吸をした。反応を落ち着かせて、明晰に考える必要があった。そんな環境に身をおいたことのない人よりは楽にできるはずだと思っていたが、それでもとても怖かった。呼吸をコントロールすればするほど、体が落ち着いていくのが感じられた。そうして数分後に表に出てきた感情は興奮だった。自分の一部がつねに望んでいた体験をしようとしているのに気づいていた。これこそサバイバルの現場だ。救助もなく、地図もなく、シェルターもなく、マチェーテを持って着の身着のままの自分がいるだけだ。これまでやってきた仕事のすべてをとおして準備してきたことだ。だから、小さな木にちっぽけな刻み目があるのに気づいたときには少し落胆した。そこが道のはじまりだった。もちろん、最終的にはとてもほっとしたのだが。

わたしがかなり早く落ち着くことができた理由の一部は、自分の能力を充分信頼していたからだ。

生死を争うような状態になるまえに数日間は自分の面倒が見られることはわかっていたが、深呼吸は誰にとっても拙速な決断をするのをやめさせてくれるすばらしい方法だ。客を連れている探検旅行では、しょっちゅう自分に「深呼吸して」と言い聞かせている。多くの人にとって、身の危険を感じる環境での最初の直観は何かしなければというものだが、数分間何もしないことでより良い決断ができることはとても多い。そういう場面をつねに見ている。たとえば、客が火をおこすことに自信を持つと、できるだけ速く火をおこそうと必死になるが、彼らをとめなければならないことが多い。火をおこすには二、三分しかかからないが、火をおこす準備には二、三時間かかる。ひと晩もつだけのたき木を集めなければならない。沸かす水を集めなければならない。ちゃんと準備しなければ、たき木が切れてしまったり、食糧や水を探しているあいだに火が消えたりする。準備は大変だが、ほかのどんな仕事でも同じで、最後にはやっただけの結果が出る。

Part 9

オープンマインド

The Open Mind

飛行機が墜落したとき、生死を分けるのは純粋に運でしかない。自分ではコントロールできない力によって、熱帯雨林の林冠で機体が破壊される場所にいるか、衝突でも壊れない機体部分に席があるかが決まってしまう。墜落で命を落とさず、なんとかして機体の残骸から抜けだしたとしても、文明社会に戻ってこられるかどうかには、まだ運が大きく影響する。アマゾンでの墜落を生き延びたユリアナ・ケプケのような人は成り行きにまかせることなく、行動を起こして家に戻ろうとするが、そうでない人は救助を待つ。どちらの行動のほうがサバイバルにつながるかを知る方法はないが、わたしは長いあいだ、どうして人はちがった選択をするのかを考えている。解決策を求める人とただ待っている人がいるのはなぜだろう。おそらく、わたしたちのなかには、自分のいる環境を探求せずにはいられないオープンマインドを持っている人がいるからだと思う。探求するのは感情的なものも物理的なものもある。

オープンマインドによって、わたしはすばらしくスピリチュアルな体験をしてきた。その体験では、自然のエネルギーが体に流れこんできて、頭に打ち寄せてくるのを感じた。それが自然のなかで過ごす大きな理由のひとつだ。自我を捨てて、より大きく普遍的なものの一部になると、自分の周囲が広がり、普通なら手が届かないままだったはずの可能性を感じられるようになる。それは災害時に自分の命を救うことができるタイプの超覚醒だ。

ここ数年はわたしにとって非常にストレスの多い日々だった。湖水地方のダニからライム病に感染してしまい、そのせいで肉体的にも感情的にも精神的にも疲れはててしまった。仕事をとおして強く感じていた頭と体のつながりが切断されたように思われ、体が回復しても、精神的ダメージは長いあいだ残っていた。自然の風景との精神的つながりをもう経験できないかもしれないと思いはじめていた。

数カ月前、中国へ旅行し、チベットの五千メートル級の山に登った。湖畔にすわり、目の前に広がる信じられないほどすばらしい景色を眺めているとき、自分のマインドが開いていくのを感じた。わたしの思考を固めてしまっていた鎧がすっかり落ち、その驚くべき場所のエネルギーが頭と体のなかに流れこんできた。荘厳であるのに謙虚な体験だった。自分よりも大きなものの一部になっているという、肉体的にも、知的にも、精神的にも完全に覚醒した状態になって自分が小さなものに感じられた。だからといって自分が取るに足らないものだとも感じなかった。そのような信じがたい体験によって、わたしたちはひとりの人間としての自分はそれほど重要な存在ではないことを思い知らされる。全体の一部であることが大事なのだ。

自然のなかにいるときには、まわりの環境と自分を切り離して考えないほうがいい。環境とともに作業をすればするほど、自分の目の前にある大事なものが見え、聞こえ、理解できるようになる。オープンマインドを持つことで、現在の瞬間にあるすべてのものを体験できるようになり、過去にこだわったり、次に起こることを心配したりしなくなる。

どんな職業でも、自分自身と自分の可能性に心を開いておくことはとても大切だ。経験のないことをやれるかどうかなんてわかるわけがない。経験と実験を通してでなければ、自分の力を発見することはできず、自分の内面に注意を払ったときにしか、自分が何に興奮し、何を恐れ、何が試練になるのかはわからない。自分に向かって「できるだろうか」と言っている人のほうが、「やったことがない」と言っている人より厳しい環境でうまくやれるだろうということは容易にわかる。

受容と、思いがけない衝撃からすばやく先に進むことの大切さについてはすでに語った。状況を受けいれたら、オープンマインドによって自分が見つけたものを最大限に生かすことができる。自分のまわりを見まわして「なるほど、これは思っていたこととはちがうけれど、ここから何ができるか考えてみよう」と思うことができれば、最初の目的地に近づく助けになる人やものやチャンスに気づきやすくなる。

オープンで柔軟なマインドは、日常生活でも必要なものを見つける助けになる。考えてみればわかるだろうが、仕事をしていて、自分がいるべき場所にいて、やるべきことをちゃんとしていると感じられることはかなり珍しい。次に起こること、これから学ぶこと、これから会う人についてオープンマインドでいることで、自分がいたくない場所に立ち往生してしまう可能性は大きく減らせる。わたしがいまの仕事をしているのは、仕事について計画を立てなかったからだ。わたしはただ、自分に向かってくるものすべてにオープンだっただけだ。そしていまはこの仕事をしていて、オープンマインドのおかげで仕事がうまくいき、撮影のさまざまな方法を見つけられるので、わたしがみなを安全に保っているあいだにプロデューサーは必要な映像を撮ることができる。テレビの仕事では、既成概念にとらわれない思考と新しいことに挑戦する意欲が要求される。つねに自分の限界が試されるのだ。

客のスキルや経験が限られている個人客のツアーでは、彼らの限界を試すことは少ないが、それにもオープンマインドが必要だ。仕事をはじめてまもないころ、ヒマラヤ山麓の丘でグループを率いていて、地滑りに遭った。雨が激しく降っていて、丘の斜面のかなりの部分が土砂崩れを起こし、谷底の荒れ狂う川のなかに滑り落ちた。

ひとりで率いる探検旅行としてはごく初期のものだったので、どうしたらいいかを現地ガイドとして行動していたシェルパに相談した。彼は気をつけて行けばまっすぐ歩いていってもだいじょうぶだと言った。わたしはそれが信じられなかった。土砂崩れはまだ続いていたのだ。地滑りを起こしている部分の広さはおよそ百メートルあったが、シェルパは走って横切れば問題ないと言う。わたしは断固として、そんなことをするつもりはないと言わなければならなかった。

「まわり道があるはずよ」と、わたしはシェルパに言った。

彼はそこに立ったまま、首を振った。降りられないことははっきりしていた。川の流れが激しすぎて、そのなかを歩くことなど考えられなかった。残された選択肢は、戻るか登るかだ。どういうわけか、シェルパは計画していたルートを進み続けたがっていた。そのルートはもう流されていたというのに。どうかしている。

やがて、彼かポーターのひとりが道をはずれ、地滑りの上にあるルートを見つけた。だが、わたしが承服することができなかったのは、この男性が冒そうとしていた危険で、誰の命も危険にさらさないシンプルな変更ではなかったからだ。二十二歳のわたしに負わされた責任はかなり大きかった。ツアーリーダーの現状はいい方向に向かっていると言いたいところだが、そうはなっていないようだ。リーダーは、たいていの場合はほとんどの客よりも年下であることが多いが、携帯電話の電波が届かない場所や、どんな場合にも電話する相手のいない場合に、大きな決断をするという責任をひとりで負わなければならない。持っているのは、直観と訓練と経験だけだ。

人里離れた危険な場所には、自分ではコントロールできない要素が多すぎるので、物事が予定どおりに進まないことを受けいれなければならない。鉄砲水、雪崩、地滑り、嵐、車の故障、病気など、うまくいかないことを想像すれば、予期せぬものになるだろう。アルゼンチンでイギリス人の学童グループを率いていたとき、フォークランド紛争を記念するイベントに出くわした。突然自分たちがターゲットになる危険にさらされ、気がつくとわたしは人々の身ぶりを観察し、雰囲気を分析していた。面倒が起こるのに備えてのことだ。

本当に深刻な事態が探検旅行を中断させることもあり、ルート変更をする方法がなければ、旅の目的を変えるしかない。めったにないことだが、起こりうることであり、コース変更は次に何に出くわすかわからないので、それも新しい体験になる。目的を捨ててしまえば、あらゆる可能性が開けてくる。ツアー客もそんな事態にオープンでいてくれれば、それでもすばらしい探検旅行にすることができる。

状況によっては、プランの変更によって自分のまわりにあるものの真価がわかる場合がある。予測していたものを見るのではなく、別のことに気づきはじめる。現地の人と話す時間が増えるかもしれない。その文化についてもっと知ることができるかもしれない。あるいは、日誌や写真にかける時間が増えるかもしれない。オープンであれば、予定していたプランに沿っていない旅からでも大きなものを得られるのだ。

もちろん、オープンマインドによって多くのものが得られるのは、探検旅行だけでなく、人生においても同じだ。破局によって恋人との関係から自分が本当は何を求めていたのかを探索できるようになるかもしれない。リストラは起業のチャンスかもしれない。もしかすると、J・K・ローリング［訳注：『ハリー・ポッター』の作者］のように、解雇がきっかけで本が書けるかもしれないのだから！

オープンマインドの真価は、自分がまさに生死を分けるような場面におかれたときにわかる。数年前、少人数のグループを率いてアルプスでトレッキングをし、毎晩ちがう山小屋に泊まった。わたしは九年間アルプスに住んでいたので、そのあたりはよく知っていて、自分の直観が信用できる場所だった。そのような状況でわたしがとてもよく気がつくのが雪だ。足の下で雪が立てる音、雪の深さ、雪が降るスピード、そういったことすべてで、雪崩が起こる可能性を知ることができる。

わたしは雪が大好きなので、その気持ちを客とも分かち合いたいと思う。穴を掘って、雪の結晶を見せたりもする。結晶は美しいだけではなくて、その地域で何が起こっているのかも知らせてくれる。わたしは完全な雪オタクなので、小さな虫メガネを持っていって、積雪のそれぞれの層を観察する。積雪はけっしてしっかりした白いかたまりではない。もしその地域に着いたばかりなら、雪の形状を分析したり、地元の人と話をするのは、季節のはじめから天候がどのような状態だったのかを知るのにとても役立つ方法だ。たとえば、雪の層を見て雨が降ったことがわかるのは、雪の上に凍った層がある場合で、さらに多くの雪が降ったことがわかるのは、その下の層がとても圧縮されている場合だ。

積雪の底に凍った層があると、水が抜けていかないのでとても危険だ。いちばん上の雪がとけはじめると、水が氷に達して滑りやすい層ができ、その上の雪のかたまりを滑らせる。とても寒いときには問題がないとわかっている。だが晴れていて、かたまりのいちばん上がとけはじめると、危険になる場合がある。客にそういうことを示して、わたしの決定を理解させ、将来は自分たちで充分な情報を得た上での決定をしてほしいと思っている。雪オタクのわたしは、その日は外に出るべきではないとグループに告げた。

「でも、天気は良くなってますよ。きょうはそんなに寒くないし」と彼らは言った。

同じ山小屋に泊まっていた別のグループはすでに出発していた。それは二十代の健康的な男性グループで、彼らにも積雪の何が危険なのかを話していたのだが、飛行機の時間があるから遅れるわけにはいかないと言って出ていったのだ。彼らの意志は固く、わたしの客でもなかったので、見送るしかなかった。あとになって、実際に雪崩が起こり、同じ小屋に泊まっていたグループのうちふたりが亡くなったと聞かされた。

そのことを考えるといまでも寒けがするが、わたしはその話を引き合いに出して、探検旅行が、あるいは普通の日がどうなるのかについてオープンマインドを保つように客を説得しようとこころがけている。柔軟になることができなければ、そして状況に配慮することができなければ、命を危険にさらすことになるのだ。

自慢できる話ではないのであまり話さないのだが、状況の変化に対応しなかったせいで、わたしが大きな代償を払ったことがある。わたしがライム病に感染した日のことだ。ライム病が悪化すると、極度の疲労感をもたらし、気分を落ちこませる。ダニに噛まれることで感染し、関節に影響を及ぼし、片頭痛を起こし、免疫系を傷つけ、心臓疾患を起こすことさえある。しかし、ライム病に関連した最大の死因は自殺だ。脳をぼんやりさせ、明晰な思考ができなくなるからだ。慰めがあるとすれば、ライム病は抗生物質での処置が早ければ、症状が深刻になることを抑えられる。

わたしは夏のあいだずっと湖水地方で働いていて、何カ月ものあいだ体についたダニをうまく取り除いていた。シーズンの最後に、休みがとても欲しくなり、友人たちと登山をした。夏のあいだじゅう客とともに比較的楽な活動をしたあとだったので、きついことがしたくてたまらなかった。右の腰にブルズアイ・ラッシュと呼ばれる目のように見える腫れを見つけたとき、噛まれたのがわかった。それほどはっきりした腫れだったのだが、ライム病の深刻さがわかっていなくて、登山を続けた。わたしには山が与えてくれるものが必要だったし、引き返したくはなかったからだ。

数日後、腫れが体じゅうに広がり、片頭痛に襲われ、痛さのために身もだえするほどだった。しばらくすると痛みが引いていったので、登山を続けた。本当に愚かな行動だった。ライム病にかかっていることがわかっていたし、すぐに医者に診てもらうべきなのもわかっていた。それなのに、友人たちには戻ってから診てもらうと言っていた。もちろん、そんなふうに自分を追いこんだせいで、バクテリアを中枢神経系に送りこんでしまったのだろう。ようやく処方箋をもらったときには、抗生物質があまり効かなくなっていた。

ひどい気分になってきたが、それから症状が少しおさまった。そしてぶり返し、最悪の状態になった。バクテリアには約一カ月の繁殖周期があり、バクテリアが活動していると仕事も気分も何もかもひどく落ちこんでしまう。病気のせいで仕事ができなくなり、収入がなくなったが、それよりももっと大きな影響があった。登山とアウトドア活動はわたしにとっては趣味ではない。自分自身であり、自分にとって不可欠なものだ。わたしにとっては呼吸のようなものなのだ。疑問を抱くようなことではなく、息をするための空気のように必要なものだ。それがなければ、わたしのアイデンティティが大きく失われてしまう。

故郷の家族を訪ねたとき、昔なじみの医者に会った。まったくの偶然なのだが、彼は熱帯医学の専門家だった。彼の診断では、わたしがかかっていたのはアメリカのライム病で、イギリスで感染した最初の症例だという。このことが幸運を呼んだ。専門家と熱帯医学研究所の注目を集めたのだ。わたしは治療が受けられると思って、仕事に戻った。活動できないことに欲求不満がつのっていたので、ますます自分を追いこんでいき、ほとんど倒れそうになるまで続けた。関節は痛み、顔はおそろしいほど痙攣し、深く、長引く倦怠感に襲われた。あそこまでうつ状態に近くなったのは人生ではじめてだ。ひどい状態だった。

とうとう医者から、休まずに仕事を続けていたら死ぬ可能性もあると言われた。自分のアイデンティティそのものの活動ができないというのはとてつもなく難しいことで、さらに不満がつのり、気分は良くならなかった。自分で調査をはじめ、アメリカのウェブサイトで多くの情報を見つけた。薦められていることのなかには信じがたいものもあったが、なんでもやってみようと思った。従来の治療法が効かなかった（あるいはわたしにとってはすぐに効果がなかった）ためだ。読んだ情報のひとつに、ライム病のバクテリアは熱が嫌いなので、四週間めにバクテリアが繁殖しているのを感じて、症状が非常に悪化したときには、とても熱い風呂かサウナに入れば、バクテリアを抑制できるというものがあった。それにゴボウ茶も大量に飲んだ。これは血をきれいにし、徐々にバクテリアを除去してくれる可能性がある。だが、消えるまでには何カ月もかかり、おそらくは数年かかって、わたしはようやく完治した。

もちろん、事態を悪化させたのは、ブルズアイ・ラッシュを見て、山を下りて治療を受けるべきだとわかっていたのに、そうしなかったことだ。オープンマインドであることを自負していて、人生で何があろうとオープンマインドでいられると思っていたのに、このときはとても視野が狭くなり、友達と楽しく過ごしたいという気持ちが強すぎて、本当に愚かな決断をしてしまった。もう二度とあんな失敗はしたくない。

Part 10 レジリエンス

Resilience

「けっしてあきらめるな」

これはほとんどのサバイバル本のマントラではないだろうか。成功の秘訣はひたすら続けること。ビジネスでも政治でも音楽業界で有名になることでも、必要なのは続けること。そうでしょう?

わたしにはそれが正しいかどうかはわからないし、本物のサバイバルの現場ではそうではないことに確信を持っている。ある種の状況であれば、そういった姿勢によって目的を達成できるというのはわかる。耐久レースに出ているのなら、フィニッシュラインがあるのはわかっている。戦闘中なら、敵よりも長く持ちこたえなければならない。だが、サバイバルの現場では、どこにフィニッシュラインがあるのかわからない。それに、何が起こっても、自然より長く持ちこたえることはできない。けっしてあきらめないというのはサバイバーの特徴のように聞こえるが、そのマインドセットは自分自身についてであって、まわりの環境のなかにいる自分についてではないと思う。

わたしの考えでは、共感を持ち、直観があり、創造性があり、すべてを分析できるオープンマインドがあって、それらのバランスが取れていれば、レジリエンスが生まれる。そのレジリエンスが次には耐久性をもたらし、それが、「やめない」という言葉で多くの人が意味していることなのだ。わたしは人がやめるかやめないかを決められるとは信じていない。サバイバルではそんなふうにことは運ばないからだ。

人間の体は生き残るためにあらゆることをする。極限の寒さのなかでは、末端への血の供給をストップする。体に蓄えた脂肪がなくなってしまえば、筋肉を燃やしはじめる。切り傷をつくってしまえば、血のなかの凝固剤が出血多量になるのをとめる。暑すぎるときには、汗をかいて体を冷やす。人間は命を永らえるためにどんなことでもするように進化してきた。たとえ気持ちの上では生き続けたくないと思っても、体には別の考えがあるはずだ。

「あきらめません」と言うことの危険は、その言葉だけではたいして何もできないことだ。意味がない。好奇心を持つのをやめ、創造性を失い、まわりの環境に目を閉ざしてしまったときに、命は危険にさらされる。「あきらめない」と言うことはいくらでもできるが、自分のまわりに注意を払わず、まわりにあるものに疑問を抱かず、新しいことを試してみなければ、息の無駄遣いをしているだけだ。

やめないことが大切だと人が思っているのは、ほとんどの人にとって現代の生活が楽になりすぎているからだ。心の奥では、おそらく誰かが助けてくれるとわかっている。両親のどちらかが送金してくれるとか、誰かが緊急サービスに電話してくれ、そこから捜索隊が出るだろうとか。だが、背後にそのようなサポートがない場合のことを想像してみてほしい。電話をする相手がいなかったら？　それが人里離れた自然のなかにいるということだ。外部からの助けはまったくない。緊急通報もできない。友達に電話もできない。自分ひとりだ。そして現実に向き合ったときには、やめるという選択肢はない。だからやめないのだ。

数年前にとてもおもしろいと思ったのが、『The Island with Bear Grylls』という、一般から集められたメンバーを一カ月無人島に残し、彼らがどうやって暮らしていくのかを見るという番組だった。ほんの数日サバイバルのトレーニングをしただけで、十四人の見知らぬ者同士が一日分の水と二本のマチェーテとともに島に残される。『The Island』のポイントは、普通の人たちが船が難破したような状況にどう対応するかを見ることだ。彼らは自分たちの社会をつくるだろうか。役割を分担するだろうか。食糧や水はどうやって見つけるのだろう。

テレビのリアリティー番組のなかでもかなり厳しいもののはずだ。島に残された人はひとりひとりが何度も何度も試練を受けた。蚊に刺されたり、何日もぶっ通しで雨に降られたり、大きな戸惑いや喪失に耐えているうちに激しい仲たがいを起こしたりしたが、それは脱水症状や空腹やホームシックが襲ってくるまえの話だ。

うまくやっている人を見つけるのは簡単だった。遊び心がある人たちは、何が起こるだろうと思いながら、島の少し離れたところを探検していたし、さまざまな方法でシェルターをつくる実験をしたりしていた。

それに対して、ほかの人たちはまったくちがう反応を見せていた。すぐに自分のおかれた立場を悲観し、犠牲者のようにふるまったのだ。彼らが一カ月生き残る唯一の方法は、グループのほかのメンバーによってもたらされるものにかかっていた。だが、そのシリーズでは、犠牲者モードがグループ全体に感染しはじめ、結局三週めの最後には全員がギブアップした。それ以上は無理だった。招集されて、いいホテルに連れていってほしいと思っていた。彼らはすわったままで、何をするのも拒否した。あと一週間しか残っていないし、一週間で餓死することはないと計算した者もいた。彼らは食糧を探すよりは空腹でいることを選んだのだ。

一日か二日ならそれでいいが、長くなってくると、テレビ番組に必要な映像が撮れないと制作チームは気づいた。最終的には、ベアが短い映像を録画し、なぜ彼らが島にいるのかを思いださせなければならなかった。彼らの名誉のために言っておくと、その映像が出演者に見せられると、彼らはやる気を出した。

おもしろいのは、本物のサバイバルの現場であれば、彼らはそんなふるまいをしなかっただろうということだ。彼らが道具を捨ててギブアップした唯一の理由は、見られていることを知っていたからで、プロデューサーが彼らを死なせるはずはないからだ。救助が可能なことがわかっているからやめられた。本物のサバイバルの現場では、そんなことはできない。救助が来るまえに餓死してしまうかもしれないから。

わたしは一年のほとんどを旅に出ていて、さまざまな文化のなかで過ごしているので、ときおり各国バージョンの『The Island』があったら、ほかの国の人はどんな行動をとるだろうと考える。現代のイギリスでの生活はあまりに快適なので、国民が弱くなっている危険がある。たとえば、中国やロシアの出演者がすわって救助を待っているなんて想像できない。ほかの国や文化では、人々は生き残るためにもっと積極的にあらゆることをするだろう。わたしたち西洋人は戦争とそれにともなう恐怖や苦痛を生き抜いてきた者もほとんどおらず、幸運なことにものが豊富にある時代に生き、国は無料の医療や失業したときの福祉や支援といった巨大なセーフティネットを用意してくれている。西洋に住む平均的な人はパン一斤のために闘う必要はない。わたしたちは極限の厳しさを体験しない社会という大きな特権を与えられているが、それゆえにレジリエンスを育てることができなかったということかもしれない。「悪いことはほかの人に起こる」というまちがった安全感覚に陥っているのだ。

「あなたを殺さないものはあなたを強くする」という古い格言には大きな真実がある。試練と、恐怖を与えられる状況にさらされることが多いほど、そんな試練に立ち向かうスキルや方法が発達し、恐怖が消えていく。何かを最初にするときは、プールのいちばん高い飛びこみ台から飛びこむことであれ、プレゼンをすることであれ、普通はかなりひるんでしまう。だが、五回めや六回めでは？　悪いことが何も起こっていないかぎり、深く考えることもなくなるだろう。厳しい立場におかれたときに心にとどめておくべきなのは、また同じ立場になったら、そんなに厳しくはならないということだ。見込み客に売りこみの電話をかけ、二十回連続で電話を切られている起業家のことを考えてほしい。電話をかけるたびに彼女は何かを学ぶ。拒絶を個人的なものと受けとらない方法でもいい。やがて、二十一回めに真剣に話を聞いてくれる人が出てくる。自然のなかでは、わたしはよく、自分の成功をちゃんと受けとめるように言う。シェルターがつくれたら、お祝いすればいい。魚をつかまえたら、自分をほめる。そして次の日まで生き延びたら、その次の日も生き延びられる可能性が高いと自分を安心させるのだ。意識的に自分のレジリエンスをつくっていく方法だが、そのために自然のなかに出ていく必要はない。何か学んだことや向上したことは毎日まちがいなくあるはずだ。見込み客への売りこみ電話のテクニックでもいいし、職場に自転車で通勤するために発見した近道でもいい。そんな成功をちゃんと受けとめることで、日常生活でのレジリエンスを高めていくことができる。

〝けっしてあきらめるな軍団〟に困るもうひとつの理由は、人々が意識的に自分の命を終わらせる決意をしたサバイバル・ストーリーがいくつかあるからだ。わたしたちが聞くのは見事に帰還した人の話だけなので、自ら命を絶とうとした人たちがどれくらいの割合でいるのかを知ることはできない。先のない恐ろしい未来に直面したときの人間の反応を別の方向から探求できるトピックだ。自殺はいまでもタブーなので、それがきちんと考慮される数少ない場所が小説だ。コーマック・マッカーシーの『ザ・ロード』を例に挙げてみよう。この小説は忘れがたい映画にもなった。滅亡後の世界が舞台で、荒廃して敵意に満ちた土地を、男が息子を連れて歩いていく。フラッシュバックによって、息子の母親は、核の冬のなかで飢餓によるゆっくりとした死よりも、彼女が平和と見なした自殺を選んだことがわかる。自分がどちらを選ぶかわかるだろうか。ある種の状況では、あきらめるほうがそのまま続けるよりもいいことがあるとわたしは考える。

苦しみに終わりがないのなら、終わらせることを選ぶのは悪いことだろうか。人によっては、宗教の教えに反することなので、かなり物議をかもすテーマなのはわかっているが、けっしてあきらめないという主張がほかの人に与えるダメージを考えるべきではないだろうか。数年前、スイスに住む同僚の夫が重い病気になり、スイスのある病院で平和に命を終わらせることを選んだ。衝撃的な出来事だったが、彼の選んだことだったし、そうすることで、さらなる苦痛に耐えなくてもよくなり、家族が彼の苦痛を見てつらい思いをすることもなくなった。

このようなものの見かたが明らかにしているのは、死が確実になったときにレジリエントなマインドがやってのけられることだとわたしは考える。第二次世界大戦中のあるノルウェー人兵士についての有名で驚くべき話がある。彼はほとんど信じがたい回数の敗北に耐えた。ヤン・ボールスルードはレジスタンスの訓練のためにノルウェー北部に送られたコマンド部隊の一員だったが、乗っていた船が沈没し、凍りつく海を泳いで岸にたどり着いた。そこから、銃撃を避けながら海岸から丘に向かって、片足しか靴を履いていない状態で走った。なんとか捕虜になることも低体温症になることもなく、極地の森のなかに隠れて二カ月過ごした。そのあいだに、壊疽の広がりを防ぐためにつま先を切断しなければならなかった。

自殺を考えるくらい暗い気持ちになったが、あまりにも疲れて衰弱していたので、ピストルの錆を落として発射させる力も残っていなかった。やがて隣国フィンランドのサーミ人に救助され、中立国であるスウェーデンに送られ、そこの病院で治療を受けた。回復し、ふたたび歩けるようになると、ノルウェーに戻って任務を続けた。

彼にとって、自殺はあきらめではなかった。生きたまま捕虜になり、捕えられたままで自殺よりもひどい死を迎えるか、ナチスに政治的に利用されるのを避けるための戦略だった。

わたしが知っている別の自殺未遂にも、戦略的要素があった。イタリアの警察官マウロ・プロスペリは、モロッコのサハラ砂漠を六日間かけて二百五十キロ走るサハラマラソンに参加した。競技者はテントや食糧を自分で運ばなければならないが、コース沿いに水の補給ポイントがあるので、脱水症状は免れる。四日めの朝、マウロは四位につけていて、表彰台に上がれそうな予感がしていた。だが、自然の考えはちがっていた。その日、砂嵐が起こったのだ。

みごとなほど激しい砂嵐で、砂がすごい力で襲ってきて、パウロは煉瓦で打たれたようだったと表現している。嵐は八時間続き、おさまったときにはもう暗くなっていた。少し休んで、翌朝早くに出発して遅れを取り戻そうと考え、野営した。

日が昇ると、砂嵐のせいで景色が変わってしまったことに気がついた。何もわからなくなっていたが、問題はないと思っていた。ほかにもランナーがいるし、地図もコンパスも持っている。まもなくほかのランナーに会えるはずだ。地図とコンパスは、目標となるものが砂また砂という場所ではほとんど役に立たなかった。正しいと思った方向に四時間走って、自分が道に迷ったと認めざるをえなくなった。ボトルに半分水は残っていたし、念のために別のボトルに尿をためていた。尿が出るあいだはちゃんと水分が足りているとわかっていたからだ。尿が出なくなるほど脱水症状になると、体はもう尿をつくれなくなる。

翌日、ヘリコプターの音を聞いたので、照明弾を撃った。のちにマウロが語った話によると、パイロットの帽子の色がわかるくらい近づいていたのに、ヘリは彼を見つけることができなかった。この時点でマウロは生き残れないかもしれないと思いはじめた。だが彼は歩き続け、翌日ベドウィンの神殿である小さなマラブーを見つけた。そこで待っていれば、マラソンの主催者には見つけられなくても、ベドウィン族が見つけてくれるはずだと確信した。神殿の手入れをする人か礼拝をする人が現れるはずだから。

マラブーで見つけた生物はコウモリだけだったが、それをつかまえ、殺して、血を飲むことができ、最小限の水分補給ができた。その神殿で三日間過ごしたときに小型飛行機のプロペラ音を聞いた。発見されるという期待を抱いて、持っていたものすべてに火をつけてパイロットの注意を引こうとした。それに失敗したとき、二度と救出されることはないだろうと思いはじめた。選択肢はふたつあった。マラブーで緩やかだが苦しい死を待つか、砂漠に出ていって意識を失うまでさまよい、二度と目を覚まさないことを望むかだ。

彼がいかに明晰な思考をしていたかを示すのが、イタリアの警察の年金の仕組みを考えていたことだ。死体が発見されれば妻には年金が支払われるが、死体が発見されなければ行方不明ということになり、妻は年金が支払われるまで十年待たなければならない。そのためにマウロはマラブーにとどまることに決めた。そうすれば、誰かが死体を発見してくれるはずだと思ったのだ。そのとき、第三の選択肢があることに気づいた。まだナイフを持っている。長引く死を恐れるよりも行動を起こそうと決心し、手首を切った。

気を失ったが、意識が戻ってみると、ほとんど出血していないことがわかった。脱水状態がひどく、血がほとんど凝固してしまったのだ。死を免れたことで、自分が死ぬ場所ではないというしるしだと思った。マウロはまた歩きはじめ、レース前に遊牧民のトゥアレグ人が競技者に教えてくれたアドバイスを思いだした。道に迷ったときは、朝見た雲を追っていくといい。その方向に生命があるから。彼は雲の動きを読むコンパスを取りだし、その方向に歩いた。とちゅうでトカゲやヘビを殺して、生のまま食べた。やがて、砂漠は生きていくのが可能な場所だと理解しはじめ、ごくわずかな手がかりくれたのは干あがった川床で、そこで多肉植物を見つけて、その水分を絞って飲んだ。
も見逃さないようになり、動物が見つかるかもしれない場所を示す糞を見つけた。その動物が導いてくれたのは干あがった川床で、そこで多肉植物を見つけて、その水分を絞って飲んだ。

マラブーを出て八日めにオアシスを見つけた。そこに横たわって、ゆっくりと、一日かけて水を飲んだと言っている。そこで足跡を見つけ、人が近くにいることがわかった。そのときにはもう骸骨のようになっていた彼を最初に見つけたのは小さな女の子で、怖くて逃げたが、走っていったのは母親のところだった。母親はほかの女性たちと、夫たちが近くの町の市場にいるあいだ、その近くで野営していた。女性たちが彼を助け、憲兵に急報し、マウロは病院に運ばれた。

病院にいるときに気づいたのだが、マウロは国境を越えてアルジェリアに入っていて、三百キロもコースをはずれていたのだった。これはこの数十年でももっともすばらしいサバイバル・ストーリーで、マウロの旅路にはとても魅了される。わたしにとってもっとも啓発的な事実は、自殺を考えていたとき、彼があきらめていなかったことだ。彼は家族のために、無私無欲で理性的な決断をしたのだ。

どれだけのサバイバル・ストーリーが自殺で終わっているのかは知る由もない。パークレンジャーが崖の下で死体を発見したとしても、それが事故なのか自殺なのかはわからない。極限の状況で人がどのような行動をするかを見てきた経験から言うと、空腹で、脱水状態で、疲れはてていて、やる気をなくしていても、人々が自分の命を絶つという話はめったに出ない。人が死ぬのは病気に感染したり、転落したり、暑さや寒さに負けたときだ。負けてしまうのは彼らの肉体であって、心ではない。

そしてわたしはこれも進化ではないかと思う。人間という種は、生まれながらにサバイバーのレジリエントなマインドを持っているのだ。

Part 11

メンタル・ボックス

The Partitioned Mind

プレッシャーのもとで自分の感情をコントロールする能力は、サバイバルの現場で不可欠であるだけでなく、日常生活でもとても役に立つ。

自然のなかで少人数のグループで行動しているときは、緊張状態になったり、癇癪(かんしゃく)を起こしたりすると、重大な結果を招く可能性がある。正面から感情に向きあうのが好きな人もいるが、わたしは反対だ。どういうわけか、わたしはそのような強い気持ちを小分けにして、箱に入れ、ほとんどいつも、そこにおいてくる。危機的状況では、これによって全体が見わたせるようになり、自分の仕事ができる。これは日常生活でも役に立つ。

路上で割りこんできたドライバーに腹を立ててもどうにもならない。特に、自然と同じように、こちらが怒っていることなど相手が知らないか、気にもしていないかの場合はそうだ。自然のなかでは、そんなことをすれば最悪の事態を招きかねない。いちばんやってはいけないのは、生きるために脳細胞を必死に働かせなければならないときに、つまらないことに腹を立てることだ。

感情のなかにはほかの感情よりも閉じこめるのが簡単なものもある。わたしの場合は、恐怖と不安が害を及ぼすことはまずない。わたしにとっていちばん厄介な感情が自己批判だ。わたしは特に負けず嫌いというわけではないが、自分にはとても厳しく、自分ができるはずのことに高い期待を抱いてしまう。かつては、自分がその期待に応えなかった、あるいは応えられなかったときには、ほんのささいな失敗でも自分を責めていた。いまではそんな感情も閉じこめておけるようになった。ネガティブな気持ちはふるいにかけてしまい、ポジティブなことだけに集中する。それが本当に大事なのだ。

自分の感情を閉じこめるほかの冒険家も知っているが、わたしたちはみな、それぞれのメンタル・ボックスをちがうやりかたで使っている。その箱を家に持ち帰り、何度もその状況を思いだしたり、疲れはてるまでその話をしたりする人もいる。あるいは箱をしまってしまい、自分を休ませて感情を消化する人もいる。わたしは多くの元軍人と働いてきたが、彼らのなかには実際の戦闘を目の当たりにして、心的外傷後ストレス障害を患っている人もいる。彼らは難しい感情を閉じこめるだけではなく、努力して恐ろしい体験も明るいものにしようとしている。カウンセリングによるものなのか、自身で導きだした対処法なのかは知らないが、自分を笑うことも正気を保つひとつの方法だ。

わたしのやりかたはちがう。わたしは帰りの荷物にその箱を入れることはない。怒りや緊張や恐怖は、それを感じた場所にただおいてくる。過去にこだわるのは嫌いだ。いまいる場所を生き、将来の冒険を楽しみたい。心理学者には、箱の中身を検証しないことで問題をあとまわしにしていると言われるかもしれないが、それがうまくいっているあいだは、そしてそれによって生きていられるかぎりは、その方法を続けるつもりだ。

心を小分けにして、役に立たない感情を箱に閉じこめることは、わたしにとってはかなり楽にできる作業で、練習すれば習性になる。数年前、スタニとわたしがテレビ番組の仕事をしていたとき、わたしのメンタル・ボックスがひとりの男性の命を救ったと思われる出来事があった。サバイバル番組のつねで、この撮影もかなりハードなものだった。わたしたち三人のサバイバル専門家が、それぞれふたりの出演者を二週間訓練し、できるかぎりのことを教え、三週間めは彼らだけで自然のなかでサバイバルさせるというものだった。地球上でもかなりタフな環境で撮影し、出演者はロケ地になんの準備も警告もなく到着した。番組は彼らのドアをノックするところからはじまり、普段の生活から連れ去って、自宅や会社にいたときと同じ服装のまま、撮影のロケ地に送りこんだ。

それまでに仕事をしたイギリスやアメリカのテレビ番組とはちがって、出演者は食糧も安全装具も与えられなかった。もらったのは着替えとマチェーテとナイフ。それだけだ。水のボトルもなし。フリーズドライ食品もなし。シュラフやテントももちろんなかった。

タイ北部のチェンダオ近郊のジャングルで撮影していた。ジャングルとしては、まあまあ安全な場所だった。マムシや樹上性ヘビという死を招くヘビもいたが、最大の危険は、ときおり現れる虎をのぞけば、蚊と、水を媒介とする病気と、人的ミスだった。計画性の欠如と、酵母菌感染症のようなシンプルな問題にすばやく対処しないことが、虎よりも多くの人を殺すことになる。

スタニと番組のもうひとりのサバイバル専門家とわたしは、出演者より四、五日早くタイに飛んだが、ホテルにチェックインして制作チームと合流すると、ルートの最初の部分がちゃんとチェックされていないことがわかった。番組の準備がきちんとできていないことを示す警告だ。調査隊がちゃんと仕事をしたのか、それともバンコクで酒盛りをしていたのかがわかる。わたしたちは自分たちでルートを確認するために、自分の準備時間を削ることにした。

数日後、わたしが担当する出演者を紹介された。どちらも会社での服を着たままだった。ブロンドのアナはグラマーな女性で、とりたてて健康というわけではなく、緊張していて、どうして番組に応募してしまったのだろうと、もう考えていた。性格に関しては、もうひとりのピーターとはさほど変わらなかったが、ピーターのほうは自分が第二のベア・グリルスになると思いこんでいた。とはいえ、彼はもう中年で少し太りすぎだった。短い紹介が済むと、わたしは彼らに着替えを渡した。速乾性のズボンと長袖シャツという通常のジャングルの服装だ。さらにナイフとマチェーテも渡した。わたしの荷物もそれより少し多かっただけだ。救急セットと地図とGPSセットと無線。それだけだった。その後の三週間で必要なものはすべて自分たちで手に入れるか、つくるか、しとめなければならない。

同行したのは三人の撮影隊で、カメラマンと音声担当とストーリー・プロデューサーだった。ストーリー・プロデューサーの仕事は、ベースキャンプにいるディレクターがすばらしい番組がつくれるように、ドラマチックなシーンをたっぷり撮ることだ。三人ともこれまでにジャングルでの経験はなく、特に敏捷でもなかったので、出演者と同じようにわたしに頼りきっていた。スタッフは毎晩ベースに戻ることになっていたが、番組の段取りが悪すぎたので、しょっちゅう足どめされ、ピーターとアナとわたしといっしょにジャングルで寝るはめになった。

ベースキャンプはわたしたちの背後にあって、数日ごとに現地ガイドが移動させていた。通常は三キロほど離れたところだったのだが、険しい地形のジャングルで、密生した下生えのあるところでは、救助に来てもらうのに丸一日はかかった。

最初の晩にキャンプを設営したとき、優先させたのは、いつものように、火をおこして水を沸かせるようにすることだった。水によって命を落とすこともある。バクテリアやウィルスやジアルジアのような原虫は、つらい痙攣と下痢を引き起こすし、病気をもたらす可能性のある微生物は目に見えない。食事や睡眠が足りなかったり、脱水状態か低体温による大きなストレスに体がさらされていると、恐ろしいほど速く具合が悪くなってしまう。そこまで体が弱り、嘔吐や下痢によって水分を失いはじめると、命にかかわる。清潔に見えても、わたしは沸かしたり処理をしていない水はけっして飲まない。川のなかで何が死んだか、あるいは、ざっくばらんに言うと糞をしたのかわからないからだ。

最初、出演者は何もかもわたしに頼っていた。特に一日の終わりで疲れ切って、脱水状態で、空腹で、まだ環境に慣れていないときはそうだった。最初の夜、わたしは寝台をつくり、火をおこして、野営の準備をした。アナもピーターもほとんど手を貸せる状態ではなかったからだ。

ジャングルというのは実は生き延びるにはかなりいい場所だ。どこを探せばいいかを知っていれば、必要なものはほとんどなんでも手に入る。竹ほど優秀で万能の建材はないし、ヤシの芯のような食べ物もすぐに見つかる。わたしはその夜二匹のカエルもつかまえたので、探検旅行は比較的いいスタートを切った。その時点でいちばん心配だったのは、ピーターのふるまいだ。やる気まんまんで、岩から飛び降りたりしていて、どういうわけか自分を生まれながらの自然のエキスパートだと思っていて、わたしがいるから自分には悪いことが起こらないとも思っていた。

わたしはピーターにこう言わなければならなかった。「いい？　助けが来るまで丸一日かかるところにいるの。崖から飛び降りたらいい番組になるかもしれないけど、ここはセットのなかじゃない。本物なの。あなたをここから避難させなければならなくなったら、それ以上撮影ができなくなって、番組がなくなるのよ」

夜にナイフを使ってはいけないことも頭ごなしにしかりつけて命じなければならなかった。「夜に救助は呼べない」とピーターに言った。「暗闇のなかであなたを運びだす方法はない。ほんの小さな切り傷でも致命傷になるのよ」

ピーターが浮かべた表情は、そんなことはわかっているというものだった。

言い古された話なのはわかっているが、一般的に女性のほうが人の話をよく聞いて受けいれてくれるので、自分たちがいる環境を勝手に理解しないというのは、まぎれもない事実だ。女性はたいてい慣れない地域に対する理解をすすんで高めようとして、たくさん質問をするが、ピーターのような男性は、なんでもやみくもにやろうとし、結局、自分や人を傷つけるはめになる。

そのような環境では、人とうまくやる方法を見つけないといけない。緊張や怒りは死を招くこともあるからだ。自分が責任を負っている人たちのあいだに絆をつくることもわたしの仕事だ。ピーターのような男性には、ときには彼らがまずい立場になるような状況をつくってやることもある。少なくとも、そんなふうに感じさせる。もちろん、つねに本当の危険には陥らないように気をつけてはいる。そうすれば、彼らはわたしの話を聞かざるをえなくなり、わたしの決定を尊重するようになる。数日後、ピーターは少しおとなしくなり、謙虚さも少しは見えてきた。一方で、アナは自分が思っていたよりもタフであることに気づいていた。彼女が成長し、力をつけていくのを見るのは気持ちがよかった。

本当に刺激的な娯楽作品と本物のサバイバルの現場でおこなわれることの中間に位置するテレビ番組を撮影していると、つねに思いがけないことが起こる。プロデューサーがさまざまなタイプの寝台をつくらせようとするといったごく基本的なことでも現実的ではなくなってしまう場合がある。理想を言えば、毎日ちがうタイプの寝台があれば、編集段階で使える視覚的におもしろいものの選択肢が増えるわけだが、通常は、わたしが出演者に三、四種類のタイプのつくりかたを教えるということで同意する。どっちみち最終的に編集された番組で使うのはそれくらいなのだから。

もっと深刻なのは、プロデューサーができるだけ限界に近づけたがることだ。そうなるとわたしたちはつねに刺激と危険のあいだを綱渡りすることになる。それはものすごくスリルのあることだ。何が安全で何が可能かの限界で働きながら、つねに超覚醒の状態でいなければならないのだから。

つねに誰かを瀬戸際から引き戻すタイミングをはからなければならない。探検旅行を率いているときには、客を感情的に動揺させることはけっしてしたくないが、テレビ番組制作のかなめとなるのは、人々にあらゆる感情を味わってもらうことで、それによって刺激的な娯楽番組であると同時に、生々しい現実感のあるものをつくることができる。人を泣かせることには道徳的な心のうずきを感じることもあったが、いまではそのような環境でずっと人を観察し続けているので、彼らを瀬戸際まで追いつめることも基本的にはできるようになった。もちろん、無事に引き戻せることがわかっている場合に限る。撮影におけるわたしの優先事項はつねに安全だが、このタイプの番組をつくればつくるほど、人のレジリエンスを多く見るようになる。ある瞬間には動揺しているように見えても、差し迫った脅威がなくなると、彼らはすぐに回復して、狂乱状態ではなくなっていく。

ときおり心配になるのは、いままで出演者をずっと安全に保ってきたので、プロデューサーが、ずっとそうできると信じてしまうのではないかということだ。無線があって、近くにヘリコプターが着陸できるかぎり、本当の危険はないと信じられている。そのような考えが心配なのは、棒で目を刺してしまうというようなありふれたことでも、助けが近くにいない場合には命を危険にさらす可能性があるからだ。その撮影では、制作チームがドラマチックなシーンを求めて少しやりすぎているように感じた。

そのジャングルの地形はとても険しく、樹木も鬱蒼と茂っていたので、避難するには徒歩しか使えなかった。そして避難する人間が疲れたり、空腹になったり、脱水症状になったり、恐怖を覚えたりすると、わずかな問題があっというまに生死を分けるような状況を招いてしまう。どんな状況でもわたしがなんとかできるとスタッフと出演者に思われているのはありがたいことだが、そうではないときが来るかもしれないということはつねに肝に銘じている。心配なのは、わたしのような人間がそばにいることで、人々が自分で考えるのをやめてしまうことだ。そうなると本当に危険になる。

最初の二週間のあいだに、制作スタッフからほかの二チームの状況はいろいろ聞いていた。スタニのチームの出演者がひとり脱落し、その直後にもうひとりのサバイバル・ガイドのチームではふたりとも脱落した。そのジャングルで二週間過ごすのがいかに過酷だったかを示している。できることをすべてやっても、さらにそれ以上が要求される。ピーターとアナは番組の出演者が三人しか残っていないことを知らなかった。そして、その三人が最終週に合流させられるという計画も。

ジャングルの木のなかであまりにも長く過ごしていたので、プロデューサーは対照的な映像が必要になり、わたしたちとスタニのチームに残った出演者を川で合流させることにした。そうすれば、ちがったタイプのシーンが撮影できる。その時点で、わたしがカメラの前でピーターとアナに、教えられることはすべて教えたから、最終週は自分たちの力でやっていくことになると告げる予定だった。もちろん、安全のために彼らだけにするわけにはいかないので、スタニとわたしはまだあとについていたが、介入するのは彼らの生命が危険にさらされたときだけということになっていた。これからの試練は、彼らが学んだことすべてを使って新しい状況に適用していくということだった。

合流ポイントで会ったとき、スタニの出演者を見てちょっとショックを受けた。マイケルはやせていて、ほとんど骨と皮のような状態だった。スタニの話では、彼はキックボクシングのチャンピオンで、ジャングルに来たときは引き締まってたくましい体つきだったが、脂肪の蓄えがなかったために、劇的に体がやせ細ってしまったのだった。

わたしは一度栄養学者に、自分の体が探検旅行で同じような反応を起こさない理由を尋ねたことがある。ある理論によると、極限状態に慣れてしまっていて、体がそれに適応しているらしかった。だが、マイケルの体は徹底したサバイバル・モードになっていて、体についていなかった脂肪の代わりに筋肉を燃やしはじめていたのだ。

ふたりの現地ガイドがスタニと撮影チームの隣に立っていた。やせて笑みを浮かべた男たちで、歯が数本抜けていた。彼らは川の専門家だった。水のことをよく知っていて、穏やかな三十分の移動で次の目的地に着くと言う。

水際では気温がかなり低かった。川は狭い渓谷を流れていて、直射日光は一日数時間しか当たらない。緩やかでゆったりした流れだが、とても冷たく、おそらく氷点下に近い水温だった。

わたしたちは出演者に、次のチャレンジはいかだをつくって、下流に三十分ほど移動して、その夜のキャンプ設営だと言った。三人はそのチャレンジを聞いて、不安と興奮の入り混じった反応を見せた。だが、スタニとわたしに頼っていたあとで、自分たちでできるように調整すること、というより自分たちで考えることすら、彼らにはかなり難しくなるだろうとわたしは感じていた。

いかだのつくりかたは教えていなかったが、寝台のつくりかたとほとんど同じだということに気づいてほしいと思っていた。数本の竹の柱を植物のつるか根で固定すればいい。簡単ではないが、この段階まで来ているのだから、彼らにできないことではなかった。

三人がいかだのいちばんいいつくりかたについて議論しているあいだに、わたしは川に数体の動物の死体が浮かんでいるのを目撃した。その川には心配しなければならない捕食動物がいないことは知っていたが、動物の死体を見て、水に毒があるかもしれないと思われた。もうひとつわたしが気づいたが出演者が見ていなかったのが、通り過ぎていった地元の漁師だった。漁師はパドルボードに乗っているように細長いいかだに立っていた。その地方の川に適したいかだをつくるための完璧な見本にもなったし、使いかたの見本にもなったはずだ。だが、彼らは気づかず、もっとずっと短いいかだをつくっていた。結局、彼らはふたつの別々のいかだをつくり、設計に関する意見が合わなかったことを示していた。

彼らを出発させるまえにスタニとわたしはいかだを点検した。明らかに長くはもちそうになかったが、現地ガイドが水は穏やかだと言っていたので、三人を出発させた。わたしたちは二艘のゴムボートで追いかけた。スタニと現地ガイドひとりとスタッフふたりがスタニのボート、もうひとりの現地ガイドとスタッフふたりとわたしがもうひとつのボートに乗った。その後の三十分は、わたしには特にすることがなく、いかだがやみくもに下っていく様子を撮影隊が撮っていた。現地ガイドがボートの方向を変えたときに、景色を見ることもできた。渓谷は驚くほど美しく、木々が水のなかに沈み、その上には険しい岩山がそびえたっていた。シーンの変化を求めたディレクターだけでなく、わたしたちにとってもすばらしい眺めだった。

「頼むよ!」カメラマンがガイドに向かって叫んでいたが、ガイドは英語がわからない。「こいつをまっすぐに保てないのか」いい画が撮れると思うたびに、ガイドがボートの方向を変える。ガイドの顔に浮かんだ笑みから、おもしろがっているのがわかり、観光客に必要のないスリルたっぷりの川下りをさせているつもりらしかった。

スタニのボートを操っていた男もまったく同じことをしていて、どちらの男もおもしろくてたまらないと思っているのが明らかだった。それはまるでアトラクションのようで、彼らにとっては楽しいかもしれないが、撮影隊にとっては悪夢だった。ガイドがわたしに自分の水のボトルを差しだし、それを受けとったとたん、どうしてこんなにくるくる回っているのかがわかった。密造酒を飲んでいたのだ。あんなに笑っていたのもこういうわけだったのだ。

何も見えないうちから危険な音が聞こえてきた。川の水が増えている音だった。轟音だ。胸のなかで心臓が沈み、やがて目に入ってきたのは、激流だった。竹のいかだが持ちこたえられるはずがない。数秒後にはどちらのいかだも最初の波にのまれ、ばらばらになり、アナとピーターとマイケルは凍りつく水のなかに投げだされた。

まずい、まずい、まずい。

スタニに向かって叫んだが、渦巻く川の音でわたしの声は届かない。撮影隊も叫んでいる。ここ数日で最高の映像が撮れて、彼らは興奮していた。わたしたちがどれだけの危険にさらされているのか、明らかに彼らはわかっていない。わたしはガイドに向かって叫び、アナのほうをさして、そちらに向かうように指示した。英語がわからなくてもわたしの言いたいことはわかるはずだ。

スタニとわたしは川を注視していた。流れの速い水のなかにいる人は、波に巻かれて見えなくなることがよくある。どんどん遠ざかっていく三人から目を離すわけにはいかなかった。

「急いで!」ガイドに叫ぶ。「もっと速く!」

体にあまり脂肪がついていないと、水に沈んでしまうので、ますます見えにくくなる。マイケルは水面に横向きになって倒れている木の下で上下していた。そういう木は水だけを通すので、ストレーナー（ざる）と呼ばれている。動物や人間がそこにとらわれてしまい、水力でストレーナーのほうに引っぱられると、自力では助からなくなる。

わたしの胸はアドレナリンで燃えていた。心臓が激しく打ち、痛いほどだった。だが、体じゅうが通常のストレス反応を示していたのに、頭は信じられないくらい明晰だった。酔っていたガイドたちや制作チームに対してすぐに湧きあがってきたはずの怒りはすでに想像上の箱に押しこめ、見えない場所にうまく追いやっていたので、緊急事態にすぐに対処することができた。

「彼はどこ？」スタニに向かって叫ぶ。

「見えない」

数秒後にマイケルが浮かんできた。アナとピーターの姿はまだ見えていたが、もう三十メートルは離れていて、わたしが乗っていたボートよりも速いスピードで流されている。そのとき理由がわかった。ボートの空気が抜けていたのだ。パンクを修理した箇所が急流ではがれてしまい、ひらひらと揺れている。

そのせいで、身を乗りだして最高のアングルで撮ろうとしていたカメラマンはうまく撮影できない。重心が移動したせいか、密造酒のせいか、ボートはくるくる回りはじめ、出演者はどんどん遠ざかっていく。彼らはもう少なくとも五分は水中にいた。すぐに寒さで泳げなくなる。あと五分もすれば低体温症になる危険がある。引きあげなければならない。

わたしは手を伸ばしてガイドからパドルを奪った。「どいて」

ガイドはその言葉が理解できなかったので、押してどかせた。「すわって」

ニュージーランドで十代のときに受けたラフティングの訓練がよみがえってきた。スタニも自分のボートのかじを取り、わたしたちふたりで三人の出演者のほうに向かった。

「最高だね」とカメラマンが言うのが聞こえた。彼に向かって金切り声を出してもおかしくなかった。どれだけ危険な状況なのかがまったくわかっていなかったのだ。だが、その時点で叫んでもどうにもならない。ボートの空気が抜けるにつれて、川を進むスピードが遅くなったが、少なくとも正しい方向には向かっていた。川の左側にいたアナとマイケルに少しずつ近づいていた。ピーターは右側の下流に流されている。スタニとわたしは手で合図をし、スタニがアナとマイケルを、わたしたちがピーターを救助することにした。

わたしは必死でパドルを動かして、ボートを進めた。ピーターはときおり沈んでしまい、数秒間姿が見えなくなる。疲れはてていて、自分でボートに乗りこむ体力は残っていないのがわかった。

少し流れが緩やかになったときに、二十メートルくらいのところまで近づくと、そこでまた急流が来て、わたしたちは狭いすきまに吸いこまれ、ピーターがつかめるほどの近さまで前に運ばれた。

「引きあげちゃだめだ」とカメラマンが言う。「もっと映像が必要だ」

まだわかっていない。「いい？　ここで死にそうになってる人がいるのよ！」わたしが叫んでも、彼はまだ撮影を続けている。「引きあげなきゃだめ。エネルギーが低下しているし、低体温症の危険があるし、すぐに泳げなくなるわ」水中に大量の瓦礫が流れているから、頭部に怪我をする可能性もあることは言わなかった。

「だけど、きみはこれ以上カメラに映っちゃいけないんだよ」と音声担当者が叫んだ。

「そんなこと関係ないわ」

音声担当者の名誉のために言っておくと、彼は機材を降ろして手を貸してくれ、ボートから身を乗りだして、ピーターをつかもうとした。できるだけ近づいたが、まだ五メートル先にいる。もうひとつのボートのほうを見た。アナを引きあげている。彼女の唇は青くなり、ほとんど反応がない。低体温症だ。

パドルに力をこめたが、空気が抜けているので、スピードがなかなか出ない。ピーターをつかむチャンスは一度しかないだろうとわかっていた。判断を誤れば、はっきりした可能性はふたつある。ピーターが離れてしまって、彼が命を落とすまえにふたたび近づく時間がなくなる。あるいは、転覆して全員が川に投げだされるかだ。

流れがふたたび緩やかになり、渓谷が広くなった。距離を縮める絶好のチャンスだったので、必死でボートを漕いだ。

「つかまえて！」音声担当者に叫んだ。現地ガイドとともに彼はボートの側面から身を乗りだした。わたしが後ろに身をそらせてボートのバランスを取っているあいだも、カメラマンは撮影を続けていた。

「つかまえたぞ」音声担当者が叫んだ。

手を離さないでと、ただ祈っていた。

ふたりの男が水中に手を入れて、つかめる場所はどこでもつかんだ。わたしはボートを安定させ、カメラマンに下がれと叫んだ。彼はピーターが水から引きあげられる映像を撮ろうと必死になっていたが、ボートのバランスを取らせる必要があった。

ふたりがピーターをボートの上に引きずりあげると、即座にボートが沈みこんだ。ボートをとめる場所をすぐに見つけないと、ピーターはまた川に落ち、わたしたちも同じ目に遭う。

ピーターの唇も青かったが、彼は震えていたので、いい徴候だった。低体温症にはいくつかの段階があり、最初の穏やかな段階では体が震える。体がエネルギーをつくって自らを温めようとしているのだ。その状態の人はあまりうまく動けなくなり、脳の働きが鈍くなり、意識があれば寒いと言う。だが、彼らをまた温めてやらなければ、あっというまに中程度の低体温症になり、震えがとまる。そうなると、体は末端に血を送らなくなって、中心の重要な臓器が動き続けるようにする。脳からも血の気が引くので、認識機能障害を発症しはじめる。そうなると、昏睡状態になる危険性がきわめて高くなる。

突然スタニのボートからさらなる叫び声が聞こえた。マイケルを引きあげていたのだが、スタニの表情から、マイケルがアナよりもかなりひどい状態なのがわかった。彼の命を救うためにはあと数分しかなく、ピーターとアナを温めることができなければ、ふたりの命も危険だった。

ボートの上で彼らを温めるのは不可能だ。乾いたものは何もないし、あったとしても、乾いたままにしておける可能性はなかった。道具がないので、唯一の望みは、彼らを水から出して、火をおこすことだった。だが、わたしたちは空気の抜けたボートに乗り、深い峡谷の急流で身動きがとれない状態だった。ピーターのためにわたしができることは、ボートを漕ぐことだけだった。音声担当者がピーターにずっと話しかけ、意識を失わないようにしてくれていたので、わたしはそこから抜けだせる方法を見つけようとした。

峡谷が狭くなり、曲がっていって、カーブを抜けると、そこには砂州があった。スタニもそれを見た。わたしたちはそこに向かって進み、ボートを緩やかな渦に乗せ、三人の出演者を砂に引っぱりあげた。スタニとわたしは話をする必要がなかった。ふたりとも何をすればいいかわかっていたから。わたしはすぐにたき木とたきつけを集めはじめたが、スタニがスタッフと口論しているのが聞こえてきた。彼らはまだどれだけ危険な状況なのかがわかっていなかったのだ。

「このままだと死ぬんだぞ！　それがわからないのか」

たき木を見つけるのはわりと簡単だった。ジャングルでは、雨は一日に数時間しか降らないことが多いので、外側が濡れている木でも、皮をはいでいくとよく燃えるようになる。竹のなかの繊維はたきつけにうってつけなので、数分後には火をつけていた。わたしはピーターとアナにもっとたき木を見つけてくるように言った。彼らを動かすことで、ふたりの体を温め、自分たちがいかに死に近い状態だったかという事実から気をそらせることができた。

わたしはマイケルの服を脱がせ、火のそばに近づけた。低体温症で気をつけなければならないのは、彼らは触れても冷たさを感じないだけでなく、末端に血が来ていないために熱も感じないから、やけどの危険があることだ。

ピーターとアナに竹で衣類を乾かす台をつくらせ、火の上に立てて、マイケルの服を乾かした。ありがたいことに、彼が着ていた速乾性の繊維は本当にすぐ乾き、十分くらいでまたシャツを着せ、服でくるんで、意識が戻るのを待った。暗くなってくるころには、わたしたち全員が乾いて温まることができた。

誰かの命が失われるかもしれないという差し迫ったリスクは去ったが、まだきわめて危険な状態にいることは変わりなかった。最大の問題は川の水位が上がることだったので、ガイドに空気の抜けたボートを修理するように叫んだ。急いで避難することになったら、八人全員が一艘の四人乗りボートに乗って生き残れる望みはなかったからだ。

事態が少し落ち着いてくると、スタニとわたしは次に何をするかを話しあった。マイケルには食料が必要だった。もちろんわたしたち全員がそうだったのだが、優先しなければならないのは、マイケルを温めておくことだった。夜が近づき、その場所にとどまるしかないと決めた。どれだけ下流に行けば安全なのかはわからなかったし、スタッフと現地ガイドがした調査は信頼できなかった。できるのは、日が昇るまで体を濡らさず、体を温めておくことだけだった。

わたしはそんな状況に強い。人生をかけて訓練してきたことだ。わたしは典型的なアドレナリン中毒で、物事が極限に近づくほど、そこから多くのものを得られるようだ。スタッフと出演者はぼろぼろになっていたが、おかしなことにわたしは、死に近づくほど生きているという気持ちが強くなる。

その夜、カメラマンとストーリー・プロデューサーがわたしに近づいてきた。わたしが怒っていると思っていたのかどうかはわからないが、わたしの怒りはメンタル・ボックスに捨ててしまっていたので、誰も傷つけることはなかった。

「聞いてくれ」とカメラマンは言った。「あそこできみが介入しなければならなかったことがわかったよ。邪魔をして悪かった」

ストーリー・プロデューサーはすっかり落ちこんでいて、いつになく口数が少なかった。しばらくしてようやく言うべきことが出てきた。「あんな状況になったのははじめてだった。あんな事態を見たことがなかったし、どうすればいいかわからなかったんだ。だけど、きみたちがチームにいてくれる理由がやっとわかったよ。あんな決断ができるからなんだな」

わたしたちは正しい決断をしたとわかっていたが、それでもスタッフからそう言ってもらえるのは本当にうれしかった。できれば、あんな経験のあとでは、彼らもナイフと地図とともにメンタル・ボックスを荷物に入れ、プレッシャーのもとでも正しい決断ができるようになっていてくれればいいのだが。

Part 12 恐怖 Fear

大学でアウトドア教育の学位を取るために勉強していたとき、人が山に登る理由についての卒論を書いた。何百人ものロッククライマーに話をし、オンライン・フォーラムで彼らの経験を尋ねた。健康やアドレナリンのためにやるという人もいたが、クライマーや他のアスリートが〝フロー〟と呼ぶ現象について週に何度も聞くことになった。体と心のつながりがとても強くなり、自分と岩以外のものは何も感じなくなるという現象だ。

当時、わたしもフローを数回体験したことがあったが、もっと敏感で、自由自在といってもいいくらいにその状態に入れる人もいることがわかった。フローについて人と話すほど、ランナーやマウンテンバイカーやあらゆるタイプの極限スポーツをしている人たちも、このパワフルな心と体のつながりを求めていることがわかった。説明は難しいが、脳を意識的に働かせない状態で体が何かをしているような状態だ。わたしがフローに入りやすいのは、ロープなしのマルチピッチ・クライミングという大きな危険をともなう登山をしているときだ。どういうわけか体が直観的に軽々と動き、まわりと完全に調和して、その一部になっているという爽快な体験ができる。あるのは自分と岩だけで、最高に美しい、スピリチュアルといってもいいような感情で、ある種の肉体的な悟りだ。わたしがリスクを冒す理由の一部だと思っている。フローこそわたしが求めているものだ。文字どおりまわりの環境のなかで流れていて、心と体が完全につながり、大事なのは存在していることだけという希少な瞬間のために生きているのだ。

だが、その泡がはじけて、自分が危険な状態であることを意識的な脳が悟ると、「その岩から離れろ！」と命じられているような状態になる。恐怖が体を駆け抜けて凍りついてしまう。本当に恐ろしいのは、どこに手足をおくかを意識的に考えながら、自分がロープなしで百メートル近くの高さにいるとわかっていることだ。だが、恐怖によって明晰に考えられなくなるので、さらに危険な状態になる。

最近では、わたしが大きな恐怖を感じることはめったになくなった。トレーニングと危険を体験することによって、わたしの心はそれに対処できるようになり、たいていは恐怖を箱に閉じこめている。極限の環境やあっというまに変わる状況にかなり適応しているので、恐怖を感じるのはたいてい危険が去ってからだ。特に客を連れての探検旅行ではそうなるのだが、わたしが恐怖を感じてしまうと、本物のパニックになるリスクがあるからだ。程度の差はあっても、人間は群れをなす動物なので、一頭の馬が驚いて駆けだすと、みんなそうなってしまう。わたしは恐怖を見せないようにかなり努力している。そのために穏やかに話し、身ぶりを抑制する。客室乗務員が訓練されていることと同じだと思う。コックピットからどんな知らせが来ても、客室乗務員の表情は変わらない。同じように、わたしも恐怖に対する反応を抑えることを学んだが、恐怖を感じるときにはちゃんとした理由があることも学んでいる。

恐怖を感じないというのは、男らしいことでも感心することでもない。それどころか、まったく恐怖を感じないというのは、ほぼまちがいなく、自分がまずい状況になったときに気づかないということだ。恐怖というのは、進化の過程で得た危険に対する貴重な反応なのだ。恐怖は何かがおかしいことを知らせてくれ、体がそれに気づけと言っているのだ。闘うか逃げるかという行動を助けてくれる直観だ。恐怖の兆しを感じたら、わたしはまわりを見渡して脅威がなんなのかを見つけなければならないとわかっている。崖の端にロープをかけているというようなはっきりとしたものなら、論理的に考えて、リスクを受けいれ、その気持ちをシャットダウンする。自分にこう言い聞かせるのだ。「うん、高くて危険なところにいるのはわかってる。でも安全だ。ロープで岩に固定されていて、うまくいかないことはまずない」と。恐怖を感知し、見極め、受けいれれば、箱のなかに入れてしまうことができる。

恐怖は日常生活でも感じることがあるが、崖にかけたロープにぶら下がっているときとはちがって、はっきりした原因がつかみにくい。このようにはっきりしない隠喩的な崖の場合は、論理的思考で克服するのが難しく、慢性的な不安につながる場合が多い。リストラされた親や、怪我のために仕事ができなくなった建設業者は、ローンの支払いを考えて恐怖を覚えるかもしれない。昇進できないとか、学校行事に入れてもらえないかもしれないときに感じる恐怖が、ストレスを生む場合もある。崖の端での恐怖を抑えられるようになったことで、わたしの脳には別の面での不安も克服する能力がついたことがわかった。自然のなかで学んだことが日常でも役立つことは多い。だが、何回やっても怖いと思うことがひとつある。ヘリコプターに乗ることだ。最近ヘリに乗っている夢を何度も見るようになった。どこにいるのかも、誰といっしょにいるのかもはっきりわかっている。ヘリは傾いて旋回し、飛び続ける。そして墜落をはじめると目が覚めるのだ。

わたしに言わせれば、あんなものが空中にあることがおかしい。墜落するヘリが多すぎる。そして墜落してしまえば、もう何もできない。岩に閉じこめられているのと同じなのだから。エンジンなしで滑空して安全な着陸場所を見つけるチャンスはほとんどない（パイロットは滑空法を訓練していると聞いたが、そんなことができるとは思えない）。ヘリが落ちはじめたら、それはそのまま落ちてしまうということだ。墜落の衝撃を受けて生き残れるとしたら、まぐれでしかないだろう。だからわたしはヘリが怖いのだ。自分ができることが何もないから。

通常わたしは自分の恐怖を使って脅威を分析するが、ヘリコプターに乗っているときは、恐怖を抑えることしかできない。方法はふたつある。最初の方法は深呼吸だ。ヨガをよくやっていて、たいていのセッションの最後には、わたしはいつも深い腹式呼吸をする。とても心が落ち着くので、ヘリのなかでも深呼吸エクササイズをするようになった。その働きは認知行動療法にも少し似ていると思う。体がそれだけ深く呼吸をすると、頭は穏やかなヨガのあとの状態に戻っていく。だが先日、ルーマニアでヘリに乗っていたとき、乱気流が激しく、一度に十五メートルも降下した。そんなひどいフライトははじめてだったので、深呼吸のテクニックもうまくいかなかった。

そのとき不意に、子供のころに見たあるイメージが頭に浮かんだ。露がついた大きな赤い薔薇のイメージだ。幼かったわたしはとてもきれいだと思った。どういうわけかそのフライト中に強い薔薇の香りを嗅いだ。どこから来たのかもわからないし、どうしてそんなイメージが浮かんだのかもわからないが、おかげで落ち着き、笑顔になれた。いまヘリに乗っているときにはその薔薇を思い浮かべるようにしている。ときには別のイメージが浮かぶこともある。愛犬のタグをなでているイメージだ。そちらのほうが薔薇よりも筋が通っているように思われる。犬をなでることはストレス軽減の方法としてよく知られているからだ。薔薇でうまくいかなくても、タグのことを考えればうまくいく。

友人の話では、どうやらわたしは怖いときには何か別のことをしているらしい。歌を歌っているのだ！　ロッククライミングをしているときは、そのせいで怖がっていることがばれてしまい、しかも自分では歌っているなんて気づいていない。おそらくわたしの脳が、危険が去るまで別のことに集中させるという仕事を、かなりうまくやってくれているのだろう。

　恐怖を抑える自分なりの方法を見つけることが大切なのは、命を救ってくれるかもしれないからだ。恐怖が大きすぎると明晰に考えることができなくなり、まちがった決断をしてしまう可能性が非常に高くなる。とても理性的で能力のある人たちが、そうなってはいけない場面で理性や能力を失ってしまうのを、何年ものあいだに何度も見てきた。恐怖が脳に侵入してしまったせいだ。

　数年前、わたしは三人の友人とスキー旅行に出かけ、スイスのトリアン高地にいた。全員が優秀なスキーヤーで、山での経験も豊富だった。午前中はアルプスの登山ルートを登り、午後には泊まっていた山小屋までスキーで降りた。最終日の午後は町までスキーで降りることにした。その日の午後は太陽が雪を溶かしていたため、雪崩の危険が高まっていた。賢明なのはいちばん速いルートを取ることだったが、そのためには急勾配の二百メートルの小渓谷を降りなければならなかった。

　ふたりの男性が先に行き、わたしと友人のジュリアが残された。わたしが最初のターンをしたとき、ジュリアが言った。「無理よ」

　わたしは止まり、後ろを向いて、彼女を見た。顔を見ると、完全に固まってしまっていて、冗談ではないことがわかった。わたしはジュリアの隣まで登って戻り、安心させようとした。

「ロープでつないでもらってもいい？」と彼女は言った。

　かなり勾配のきつい小渓谷だったので、ロープを固定する場所はなく、ジュリアが落ちれば、わたしも落ちてしまう。できないと言うしかなかった。別々に降りたほうがずっと安全だったが、そのときにはもうジュリアは小渓谷がどれほど難しいかを見極める時間があり、男性陣がちゃんと滑っているのを見ても、考えは変わらなかった。

ジュリアがそんなふうになったのは見たことがなかったし、彼女が小渓谷を降りる方法がないのもはっきりしていた。わたしは男性陣に向かって、別のルートを探すから、ふたりで行ってくれと叫んだ。

ジュリアといっしょに次の谷まで滑っていったが、スロープにはすでに数時間太陽が当たっていて、谷をトラバースすれば雪を滑らせてしまうことがふたりともわかっていた。安全に降りる方法ではないのははっきりしている。ジュリアが理性を失いはじめた。クレバスに落ちてしまうと言って、騒ぎだしたのだ。彼女がどんな決断もできなくなっているのは明らかだった。シェルターが見つけられなければ、夜のあいだに命を落とすのはほぼまちがいないので、わたしはジュリアをロープでつないで、別の山小屋まで文字どおり引きずって登っていった。電気が通っておらず、ストーブもなかったので、明らかに夏用につくられた山小屋だった。だが、ないよりはましだった。

山には行動規範があり、シェルターにはつねに食糧を残していくことになっているので、二本のマジパンバーを見つけたが、あったのはそれだけだった。寒すぎて眠ることはできず、ジュリアはほとんど狂乱状態で、嘔吐がはじまっていた。長くつらい夜だったが、朝日が昇るとわたしはなんとか彼女を小屋から出して、町に戻るための別の方法を探そうとした。見つけられた唯一のルートは、かなり勾配があり、ジュリアは通常なら楽に滑れるのだが、パニックのために危険になっていた。神経がまいってしまっている状態だったので、安全に下におろす方法がないのがわかった。

唯一の選択肢はヘリコプターを呼ぶことだったが、もちろんいつもわたしが避けていたことだ。だが、わたしは電話をかけ、そのままマルティニーの病院に連れていかれ、そこでジュリアは診察を受けた。休息を取ってから、ジュリアに会いにいった。自分のふるまいがおかしいことはわかっていたが、そこから抜けだすことができなかったのだと言う。わたしたちはゆっくり話をし、当時彼女の人生でいろいろなことが起こっていたことがわかった。つらい恋愛にストレスが半端ではない仕事などがあり、小渓谷の上で感じたストレスがナイフのように彼女の心に突き刺さり、ひどい状態だった精神をむきだしにしてしまったのだ。この出来事で恐怖がいかに危険か、そして恐怖を閉じこめる、あるいは抑制する自分なりの方法を見つけるのがいかに大切かを痛感したのだった。

数年前、チャンネル4とナショナルジオグラフィックによる『Alone in the Wild』というとてもおもしろいサバイバル番組があった。ドキュメンタリー制作者のエド・ワードルが撮影したもので、彼がカナダの人里離れた場所で三カ月間ひとりで過ごし、アドベンチャーの撮影で学んだスキルを試すというものだった。本物のサバイバルの現場に身をおき、それに耐えられるかを確認したいと思っていたからだ。すべてを自分ひとりで撮影し、受け渡し地点にビデオを残していくが、サポートチームがそれを回収するときにはすでに先に進んでいる。三カ月間、ハンターに出会ったときは別にして、彼は人間とは一切コンタクトを取らないことになっていて、自分の食糧はすべて自分で見つけて、狩りをする予定だった。

とてもおもしろい番組だったが、冒頭からわたしには彼が恐怖を抱いているのがわかったし、いちばん怖がっていたのが熊だった。ライフルを持っていたし、毎晩ハンモックのまわりには電気柵を取りつけていたのだが、カメラに向かって話すのは熊に襲われる可能性ばかりだった。

熊を怖がるのは当然だ。熊は大きくて、動きの鈍い、ゆっくりした動物だと思われがちだが、最高時速六十キロで走ることができる。十メートル向こうの茂みから飛びだしてきたら、反応できる時間はない。ライフルを構えるまえにのしかかられてしまう。熊についてもうひとつよく誤解されているのが、怖いのは子熊を連れた母熊だけという話だ。わたしはアラスカへのひとり旅を計画しているので、熊の行動を調べてみた。その結果わかったのは、母熊はこちらを自分や子熊への差し迫った脅威だと思わないかぎり、襲ってくることはあまりないということだった。殺されたり怪我をするようなリスクは冒せない。そんなことになったら子熊を死なせてしまう結果になるからだ。肉食で体の大きい雄熊のほうが問題だ。何日も人間をつけまわすうえに、猫のように静かに動くのでその存在に気づかない。襲われると……すんなりとはいかないということだけ言っておこう。

エド・ワードルの恐怖はもっともなものだったが、数週間が過ぎるにつれて、彼の空腹と孤独が増していき、襲われる可能性にますますこだわるようになったようだった。最終的には三カ月持ちこたえられなかったが、それは熊に襲われたからではなかった。孤独と恐怖にとらわれてしまって、衛星電話を使って救助を要請したのだ。さほど驚くことではない。サバイバルの三つのルールに加えて、人間とのコンタクトがないと精神状態は危険な状態にまで落ちこんでしまう。

たったひとりで三カ月間サバイバルするというのは信じられないくらい厳しい試練だが、エドが持ちこたえられないかもしれないという兆しは最初の回からあった。彼が飛行機を降りたとき、怖がっていると思ったのを覚えている。やりとげるのは無理だろうと。自然のなかで生き残るためにはどのような準備が必要かと訊かれると、最初のステップは恐怖を抑える方法を見つけることだとわたしは答える。

恐怖を感じないわけにはいかないが、屈しないことは可能だ。イメージ・トレーニングと〈恐怖の受容ボックス〉法はどんなタイプの状況でも練習することができる。それを使って、日常生活での難しかったりややこしかったりする感情に対処できる（上司が大量の仕事をデスクにおいていったときに試してみるといい）。わたしが使っている別のテクニックは気をそらすことだ。たき木を集めることやシェルターをつくることに集中できれば、恐怖が追いやられるのがわかり、対処がずっと楽になる。

だが、何をやってもだめなときがある。ナミビアでテレビ番組の収録をしていたとき、そんな恐怖を経験した。世界最強といってもいい捕食動物のエサに自分がなろうとしているとわかったときだ。

一般男性のファビアンを連れて、砂漠で三週間、ナイフと医療セットと無線だけを持って過ごすことになっていた。毎日撮影スタッフがわたしたちを追っていて、夜には近くでキャンプをしていたので、緊急の際には無線で連絡することができた。暗視カメラがあったので、夜のあいだに起こったこともすべて録画できたし、カメラに向かって日記スタイルの映像を撮ることもできた。

撮影開始から十日め、わたしたちは砂漠の平地にそびえたつドラマチックなブランドバーグ山の近くに野営した。ファビアンとわたしは大量のたき木を集め、砂に寝るための浅いくぼみを掘った。スタッフに無線でこれから寝ると知らせようとしたが、無線が通じなかった。夜を過ごしに最寄りの村に戻っていたのかもしれないが、緊急時のメッセージが受けとれるように誰かを残しておくべきだった。だが、深くは考えなかった。よくあることだから。

月が出ていない夜だったが、星がとても明るく、暗闇にはならなかった。目が慣れてしまうと、砂漠で見えるものはすばらしく、わたしはただ横になって空を見あげていた。そばでは炎が揺らめき、やがて眠りに落ちた。わたしは火のそばで眠るのが大好きだ。シュラフがないときには体を温めてくれるのは火だけだし、火によってとてもすばらしい自然のリズムに入ることができる。二時間たつと火が消えるので、寒さで目が覚め、たき木を足して息を吹きかけ、火をおこしてからまた眠りに落ちる。わずらわしいように聞こえるだろうが、探検旅行を数日していると、それが心を落ち着かせる、ほとんど瞑想的といってもいいような習慣になっていく。

その夜、目を覚ましたときには火はまだ燃えていた。すぐに何かがおかしいことに気がついた。どうしてかはわからない。虫の声が聞こえなくなったのかもしれない。無意識のうちに何かを感じ、アドレナリンがあふれた。誰かに飛びかかられたかのようだった。ゆっくりと頭を横に向けて目をあけると、大きな雄ライオンが五十メートル先にいた。

これはまずい。

ものすごくゆっくりと起きあがり、集めてあった下生えを震える手でいくらかつかんだ。体のなかが激しく締めつけられるのを感じたが、ものすごく速く、熱い恐怖のほとばしりが体から去っていき、代わりに心が戻ってきた。対応する準備をしなくてはならないとわかっていた。火を見て、下生えについてくれますようにと祈った。火はとても簡単についたので、手を伸ばしてファビアンを起こした。

そのとき、ライオンが一頭ではなく三頭いることがわかった。雄が一頭と雌が二頭だ。こちらに興味を持っているのはまちがいなかった。うろつきながら、ときおり少し近づいてくるが、火があるのでそれ以上は近づけないでいた。たき木の山を見て、朝七時にスタッフが来るまでなくならないことを祈った。近づけないための火はそんなに大きくなくてもいい。わたしたちの火はバスケットボールとさほど変わらないくらいの大きさで、ライオンたちを怯えさせるためにうんと大きな火をおこしたい気にもなったが、長く火をつけておくほうが大切だった。たき木がなくなってしまったら、それでおしまいだ。

ファビアンとわたしはあまり言葉を交わさなかった。背中合わせに立って、わたしたちのまわりをまわっているライオンがつねに視界に入っているようにした。攻撃してきたらどうするかについてほんの短い会話をした。叫び声をあげて怖がらせ、火のそばにおいていた長い棒をたいまつにする。ふたりとも短い刃のナイフを持っていたので、命を守るために戦う準備をした。そんな強力な捕食動物の前ではナイフは役に立たないとわかっていたが、ふたりともすわって噛み殺されるのを待つつもりはなかった。わたしたちが話さなかったのは、その時期にはあたりにライオンはいないはずだということだった。住む場所を変えているはずだったが、急激な気候変動が生息地と移住のパターンを変えていたのだ。

わたしたちを見ているライオンたちを見ながら一時間ほどたったとき、とても驚くべきことが起こった。わたしはある種のトランス状態になっており、子供のように驚異を感じていて、この動物はなんて美しいんだろうと思いはじめていた。星の光に輝く毛皮の下で筋肉が波打っているのが見えた。まとわりつくように見える影の様子。力強く、決然と動く様子。わたしはうっとりしていた。何かの餌食になるということに畏れ多いような気持ちになっていた。人間がかなり哀れな存在だということに気づく。わたしたちは小さくて、取るに足りない、弱い存在で、もっとずっと大きなもののちっぽけな一部にしかすぎない。わたしは自分がまわりの環境とひとつになるのを感じた。

それほど差し迫った恐ろしい脅威に直面すると、心はさまよっていかない。そんなことはできないからだ。心と体のすべての部分を警戒状態にしなければならず、実際にそうなる。あのライオンに見つめられていたときほど、まわりのことをはっきりと認識できたことはないと思う。星、におい、音。わたしの脳はすべてを吸収し、処理していた。まるでもっと高い次元で働いているかのようだった。幽体離脱のようだったと言いたいくらいだが、それまでにないくらい自分自身の体のなかに存在していると強く感じた経験だった。すべての筋肉を、怪我をしているすべての箇所を、何もかもがつながっているという夢のような超覚醒のなかで感じることができた。

信じられないことだったが、目を覚ましたときに体験した強い恐怖が、ほとんど超自然的なまでの穏やかさに変わっていて、無意識のうちに自分の運命を受けいれていることだろうかと考えていた。その夜は本当に死という可能性が迫っているのがわかっていたので、まるで自分の心がその準備をしているかのようだった。

わたしがしなかったのは、カメラを取りだして撮影することだ。考えはしたが、ライオン以外のものに目と脳を集中させたくなかった。自分たちの死をフィルムに残したくなかったのだと思う。ネコ科の動物は食べ物で遊ぶし、そういう映像はあっというまに拡散する。わたしを愛してくれている人たちに、カメラが動いていて撮影されてしまったそんな映像を見てほしくなかった。テレビ番組の撮影中に命を落とすようなことがあれば、その映像は破棄してほしい。

夜明け前、東の地平線が明るくなってきたころ、二頭のライオンがどこかに行ってしまったが、岩や茂みの陰にいるのかどうかはわからなかった。ライオンがどうやって攻撃してくるのかもよく知らなかった。殺すために近寄ってきたら？　一頭がこちらの注意を引いているあいだにほかの二頭が別の方角から攻撃してくるのだろうか。雌の一頭はまだゆっくりとわたしたちのまわりを回っていた。心臓が胸のなかでこぶしのように固まった状態で、わたしたちはそのライオンがこちらを見つめているのを見ていた。そしてそのとき、それをひと晩じゅう計画していたかのように、ライオンは去っていった。

おかしなことに、わたしはライオンが戻ってこないことがわかっていた。まわりの環境への共感がまちがいなく何か、虫の行動なのか鳥の動きなのかはわからないが、それをとらえ、脅威が去ったことを確信した。不思議なことにとても普通のことに感じ、スタッフが来る一時間くらいまえに、ファビアンとわたしはいつもの朝の行動をしながら、起こったことについてはほとんど話さずにいた。

言うまでもないが、スタッフが着いたときの最初の反応は「なんで撮影しなかったんだ？」だった。そのとき本当に興味深いことが起こった。サバイバル番組では、カメラに映っていないことは起こっていないことになる。そうでなければなんでもでっちあげることができるからだ。ファビアンとわたしはあの驚くべき経験をしたばかりだったのに、証明できなかったから、何も起こらなかったのと同じだった。わたしたちは撮影をはじめ、翌日も同じように過ぎ、そのことは徐々にわたしの頭のなかから消えていった。

七年後、あるインタビューの終わりに記者が思いつきで「野生の動物につけまわされたことがありますか」というような質問をしてきたとき、ナミビアでのあの夜のことが細かいディテールまで生きとよみがえってきた。あれほど心を揺さぶられ、あれほど死に近づいた経験が、それまでの年月のあいだ頭から消えてしまっていたことに、いまでは興味を覚える。

それを分析してみて、理由がふたつあるのではないかと考えている。第一に、振りかえってみると、あれ以外のことは何もしなかっただろうと思えるからだ。何かまずいことをしてしまって不安で苦しんでもいないし、愚かなことをしたと自分を責めてもいない。そして第二の理由は、あの星降る長い夜のあいだ、わたしは完全にその瞬間を生きていて、完全にそこに存在していたので、終わったときには、本当に終わったことを意味していたからだ。

Part 13

決断するマインド

The Decisive Mind

学校や会社で講演をすると、いちばん訊かれるのがこういう質問だ。サバイバルの現場ではまず何をするべきですか。シェルターをつくる、火をおこす、それとも水を見つける？　その答えは自分がいる環境によって変わる。まったく同じ状況にふたたび身をおくことはないからだ。海岸に打ちあげられたばかりで、雨が降っておらず、風も特にきつくなければ、まず火をおこす。体が濡れているときの差し迫ったリスクは低体温症だからだ。だが、数日間海のなかで漂ってから岸にあがった場合は、最初にすべきなのは真水を探すことだろう。危険なほど脱水状態になっているはずだから。しかし、真水はあるが、地面が水浸しで、日が暮れるまでにあと一時間しかなかったら、まずすべきなのは、寝台とシェルターをつくることだ。

ブッシュクラフトのコースでは、火のおこしかたやシェルターのつくりかたといった技能は教えてもらえるが、プレッシャーのもとで正しい決断をする方法を教えてもらえるわけではない。いっしょに旅をする若者のなかに増えているのが、いままで一度も自分で決断をしたことがなく、決断をすることを難しいと感じる若者たちだ。職場や学校のような脅威のない環境にいるときに自分で決断を下すことに慣れると、自分の判断を信じられるようになる。意思決定は習慣であり、何度もやっているうちにだんだん慣れてきて、大きな問題が起こったときにも重大な決断ができるようになる。まちがった選択をすることが怖くて、何も決めないという人が多いが、そうしていると最終的には困ったことになる。

二〇一六年、アリゾナ州の七十二歳の女性アン・ロジャーズは同じ州の別の場所に住む孫を訪ねるため車で移動していた。どこかで曲がる場所をまちがえてしまい、人けのない路上でハイブリッドカーの燃料が切れてしまった。ペットの猫と犬も連れていて、地図とかなりの量の食べ物と水も持っていた。地図を見て、自分が峡谷地帯にいることがわかった。準備もせずにあえて足を踏みいれようとは思わない場所だ。そこで彼女は、ペットたちとともに車のなかにいるのがいちばんいいと判断した。二日たっても誰も通らなかったので、考え直し、自分で自分を救うことにした。食糧は減っていたし、水も探さなければならなかった。

窓を少しあけて猫は車のなかに残し、犬のクイーニーを連れて自然のなかに足を踏みいれた。アンはハイキング愛好家だったので、車のなかにはとても役立つものが入っていた。双眼鏡、携帯電話、ペンナイフ、ライター、マッチ、日焼けどめとして使っていたリップクリーム、帽子だ。

高いところまで登って、双眼鏡を使って水源を探すことにした。水がありそうなところも、人が住んでいる様子もなかった。野営をすることにし、火をおこして、クイーニーと身を寄せあって暖を取った。

翌日、小川を見つけ、下流に向かって歩きはじめた。アンは脊柱側弯を患っていたので、長距離を歩くのはきつかったが、少なくとも水はたっぷり飲めた。食べられる植物も見つけ、四日めには亀を見つけたので、ペンナイフでしとめた。

のろしをあげ、白い石とヘラジカの骨を使って砂州の上に〈HELP〉と書き、ヘリコプターの音を聞いたときには、手鏡を使って合図した。どれもうまくいかず、もう二度と見つけてもらえないのではないかという気になってきた。翌日、クイーニーが脱走し、仲間がいなくなったアンは絶望的な気分になった。

アンは知らなかったのだが、その九日前、彼女の車が発見され、猫は動物シェルターに保護されていた。一方で地上からも空中からも捜索がはじまり、その地域のハイカーにも捜索が依頼された。あるハイカーが足跡を見つけ、ヘリでの捜索が再開された。その後ハイカーたちが〈HELP〉のサインと下流に向かって歩き続けるというアンのメモを見つけた。ヘリが小川に沿って進み、彼女を見つけた。アンは病院に連れていかれ、軽い日焼けの治療を受け、その日のうちに退院して、家族に世話してもらうことになった。ハイカーはクイーニーも見つけてくれた。

それはすばらしいサバイバル・ストーリーだし、そこにはとても大きな勇気とキャラクター、そして賢い選択がたくさん入っている。だが、アンがあと一日車にとどまっていたら、救助され、苦しい試練は受けずにすんだはずだ。

二〇一三年七月、ジェラルディン・ラーゲイはアパラチアン・トレイルの二千二百マイルの行程を歩きはじめた。ここはアメリカで人気のよく知られたハイキング・コースだ。ジェラルディンはそれまでもずっと自然のなかでハイキングやキャンプをしていて、数十年の経験があり、親友のジェーンもいっしょだった。数日ごとに、ふたりはジェラルディンの夫ジョージと合流し、ホテルに泊まって英気を養ってから、またトレイルに戻っていた。

ジェーンに家族の緊急事態の連絡が入ったため、自宅に戻ることになったが、ジェラルディンは次のジョージとの合流地点までひとりで歩くことにした。思っていたよりひとりでのハイキングが気にいり、夫とひと晩過ごしたあとも、ジェーン抜きでトレイルを歩き続けることにした。

ジェラルディンは次の夜、山小屋でほかのハイカーたちとおしゃべりして過ごした。翌朝、ハイカーたちと別れて、新しい日の冒険に乗りだした。ある時点でトレイルを離れて用を足しにいったのだが、そのときにトラブルがはじまった。青と白のサインではっきりとマークされていたのに、トレイルに戻る道が見つけられなかったのだ。

トレイルからほんの数メートルしか離れていなくても、驚くほど簡単に道に迷ってしまうことがある。森のなかにいると、どちらを向いても何もかも同じに見え、下生えが密生していれば、近くにあっても細い道が見えなくなる可能性がある。道が曲がっていて、自分の足跡を正確に追っていけないと、すぐに通り過ぎてしまい、二度と見つけられなくなる。

ジェラルディンはジョージにメールを送った。「トラブル発生。トイレで道を離れて、迷ってしまった。マウンテン・クラブに電話して、トレイルの管理者に助けが要請できないか訊いてくれない？森の北のほうにいます」

メールを送ることができなかったとき、ジェラルディンはトレイルを見つけるという考えを捨て、携帯電話の電波が入る高い場所に行くことにした。頂上に着いても電波は入らず、トレイルをはずれて二日めに小川のそばに小さな空き地を見つけ、そこで野営をした。テントとシュラフと多少の食糧は持っていた。見込みは少ないが期待をこめて、ジョージにまたメールをした。「きのうから迷子。五、六キロトレイルから離れている。どうすればいいか警察に電話して、お願い」目立つように木のあいだにアルミブランケットを結びつけて救助を待った。

ジェラルディンが次の合流地点に来なかったので、ジョージは助けを呼び、犬やヘリも含んだ大規模な捜索がおこなわれた。数日が数週間になり、ジェラルディンは自分の試練を記録するノートに向かう時間が増えていった。自分がもう発見されないと確信すると、ノートは家族への別れのメッセージを書くものになっていった。

そのメッセージが発見されたのは二年後、森林監督官が偶然彼女のキャンプを見かけ、シュラフのなかに白骨化したジェラルディンの遺体を見つけたときだった。ノートに記された日付から、道に迷ってから少なくとも二十六日間は生きていたことがわかった。捜索隊はときおり、彼女のキャンプの百メートル以内のところまで来ていた。いたましいことに、彼女は伐採道路まで歩いてわずか二十分というところにいたのだ。

ひとりの女性は車を出たが、おそらく残っていたほうがよかった。別の女性は野営したが、おそらく歩き続けたほうがよかった。片方は別の人よりも悪い決断をしたのだろうか。サバイバルの現場では、どちらが正しいということがどうやったらわかるのだろう。ジェラルディンがトレイルを見つけられなかったときの恐ろしい瞬間は想像できる。数メートルしか離れていなかったのだから、遠くはないことがわかっていたはずだ。自分にこう言い聞かせているのが想像できるだろう。「このあたりのはずよ。まったくどうかしてるわ」と言って、急いで歩いていき、やがてまちがえたことに気づいて、またもと来た道に戻り、それからちがう方向を試してみて、とうとう完全に迷ってしまったのだ。道に迷うほど愚かな自分に対する怒りと不満は、とりわけ自分が経験豊かなハイカーだった場合には、判断を曇らせてしまう場合がある。そんな状態になったときには決断を下すのが難しくなる。ましてや正しい決断は下せなくなる。

そんなときには、できるだけ明晰に考える方法を見つけなければならない。そういうときに役に立つのが頭文字のＳＴＯＰだ。すわって（Sit down）、考え（Think）、観察して（Observe）、プランを立てる（Plan）。エジンバラ公賞を目指す若者たちにナビゲーションを教えるときには、自分が地図のどこにいるかわからなくなったときには、コンロを取りだしてケトルを乗せるように言う。ココアを飲むころには少し落ち着いてきて、自分の状況を分析できるくらいの状態になっているから。

その方法は人生のどんな局面でパニックに襲われたときにも使える。自分が頭を落とされた鶏のように走りまわっているとわかったら、まずすわり、考え、観察し、プランを立てる。意思決定のプロセスに時間をかければ、正しい判断をさせてくれなくなるパニックが消えていく。

ゆっくりと決断することには別の利点がある。脳のためにウェイトトレーニングをしているのと少し似ている。即座に決断しなければならないときに備えてメンタルの力を鍛えるには、経験と、選択をして実行する能力を持っていなければならない。過去の決断を思いかえして、どうしてそうしたのかを分析してもいい。これによって意思決定力が向上する。

決断の練習をし、その主導権を握れば、自分の運命をコントロールしているという気持ちを強く持てるはずだ。自分の脳の働きかたを知ることで、自信がつき、自意識を高めていける。ドメスティック・バイオレンスを受けていて、自分の人生をまったくコントロールできない人たちの話を聞いたことがあるかもしれない。当事者の話では、自主性を失うだけでなく、自分のアイデンティティすら相手に乗っとられてしまうという。自分の人生をどう生きるかにノーが言えないからだ。自分で選択することで自分自身がつくられていき、自分で決断すればするほど、個人のアイデンティティは強いものになっていく。別の見かたをすれば、決断をするたびに自分を人生の映画の主人公にしているのだ。

実験（もちろん生命の危険が迫っていないときに！）するのに役立つことがわかったもうひとつのテクニックは、決断を分割して構成要素に分けていくという方法だ。これは通常一度にやることだが、決断のそれぞれの構成要素を分析できれば、自分が選択したことをよりよく理解できるようになるかもしれない。良い決断をするためには七つの段階が必要で、最初に来るのが、決断の必要性を理解する段階だ。アンにとっては、車のなかでふた晩過ごしたときがまさにそうだった。とどまるべきか、歩くべきか。

第二の段階は、できるだけ最善の決断ができるように情報を集めることだ。手元にある食糧を確認したり、天候や地図を見て、できるだけ多くの事実を引きだすことも含まれる。そうすることが選択肢を確認する第三の段階で役に立つ。ジェラルディンやアンにとっては、「とどまるべきか行くべきか」ということだけでなく、「行くとしたら、どちらの方向に向かうべきか」ということも考える段階だ。

手に入れられる情報をすべて用意したら、第四の段階に入り、証拠を比較検討し、どの選択肢がいちばん理にかなっているかを考える。ここまで来たら第五の段階に入れる。選択肢からひとつを選ぶ。それができたら行動を起こす。第六の段階だ。

生死がかかっている状況では、たいていの人にとって、選択し行動を起こす第五と第六の段階がいちばん難しくなる。まちがった選択をしてしまえばあまりにも重大な結果を招くからだ。精神的に麻痺してしまうことを考えると、日常生活で決断をするのがいかに大切かということがわかる。自分の精神的筋肉を鍛え、緊急事態に自信を持ち、明敏な思考ができるようにしているのだ。

第七の段階はというと、自分の決断を後押しすることだ。一度決めたことは最後までやりとおさなければならない。アンやジェラルディンの状況では、しょっちゅう引きかえしていてはなんの価値もなかった。決断しなければ、ほとんどの場合、まちがった決断よりも悪い結果を生む。

わたしはたっぷり経験を積んできたので、いまでは生死がかかった決断も即座に下せるようになったが、つねにそうだったわけではない。十八歳のとき、ラフティング・インストラクターの仕事を数日休んで、ニュージーランド南島の、息をのむほどすばらしいルートであるテ・アラロア・トレイルでハイキングをした。地球上でも最高に美しく、自然にあふれた場所のひとつだ。

冬で、雪が積もっていたので、トレイルはいつもとはちがう状態だった。地図とコンパスに頼って、自分がまだ正しい場所にいることを確認しなければならなかった。一年のその時期には、トレイルにはあまり人がおらず、何週間も誰とも会わないということもある。絶対に道には迷いたくない時期だ。

数カ所の小川は歩いて渡ったが、大きな川に出くわした。おそらく幅が二十メートルほどあり、腰までの深さがあった。わたしは膝上より深い川は渡らないということを原則にしている。足を取られて下流に流される危険があるからだ。膝下であっても、水の流れが強くて立っていられない場合もある。選択肢はふたつあった。来た道を戻るか、渡ってみるかだ。その決断はかなり簡単だった。もちろん向こう岸に向かう。それがわたしだ。難しかったのは、どうやって実行するかだった。

最初は、ただ数百メートルほどを行ったり来たりして、川幅が広いところを探していた。浅い場所を見つけたかったのと、運がよければ、中州があるのではないかと思ったからだ。少し楽そうな場所を見つけたが、充分楽というわけではなかった。水流は速く、上流から雪解け水が流れこんでいるにちがいなかった。それにわたしは特別泳ぎがうまいわけではない。失敗すれば下流に流され、数分もしないうちに命を落とすかもしれない。十中八九死体が見つかることはない。背後を見て、来た道を戻ろうかと考え直した。おそらく、まったく別のルートがあって、旅程が数日伸びることになるだろう。だがそのとき、また川を見て、逃げるのは早いと思った。

ひとりで決断することは、グループ内で決断するよりも通常は簡単だ。同意を得なくてはならない人が誰もいないのだから。裏を返せば、客といっしょだったらけっしてそんな川は渡らなかっただろうということだ。その決断は数秒で下されただろう。川を見て、自分の命を危険にさらす決断をすることの重大な責任を感じた。死にたくはないし、もし渡ろうとしたら、死ぬ可能性があることもわかっていた。どのくらいの危険があるかの判断を完全にまちがえていたら？　見えないところに強い水流があったり、深い場所があるかもしれない。選択肢の比較検討に二時間以上はかけたはずだ。誰もわたしのために決断してくれない。ここできびすを返しても、わたしが逃げたことは誰にも知られない。だが、自分を試し、そのチャレンジをやりとげられるかを見たいという直観によって、疑いは消えた。

わたしは限界を探求し突き進みたいと思う性格だ。何が起こるのかをただ見たい人間なのだ。物事を進めなかったら後悔するのがわかっているのは、自分が成功するかどうかをつねに知りたいからだ。数時間迷った末に、わたしの脳はひとつの思いから離れなくなった。どうにでもなれ。そこまでの気持ちになってはじめて、いままでそこまでの気持ちになったことがなかったのがわかった。わたしはブーツのひもをほどきはじめた。

生まれながらの本能は川を渡るときに足を濡らすなと命じるが、現実的ではない。ただ足を濡らしてしまっても、向こう岸に着いたらできるだけ早く乾いた状態に戻すことはできる。そのためにわたしはちょっとした手順をあみだした。靴下とブーツを脱ぎ、靴の中敷を抜いて、またブーツをはくのだ。裸足で川を渡るのはやめたほうがいい。鋭いものを踏んでしまうかもしれないし、ためらっているとすぐバランスを崩してしまうから。ブーツをはいていれば自信を持って川を渡れるし、少なくとも靴下と中敷は濡らさずにすむ。最近では、しょっちゅう川を渡ることがわかっていて、ほかに多くの道具を持っていく必要もないときは、川のためだけにサンダルを一足荷物に入れている。

すぐに体を温められるように持ち物をできるだけ濡らしたくないと思っているが、当時はいい道具も速乾性の服も防水バッグも持っていなかった。食べ物（パスタと米とツナ缶）を濡らさないためにレジ袋に入れた。衣類も別のビニール袋に入れてきつく縛り、水が入ってこないようにと願った。下着を脱いでバックパックのまんなかに詰めた。そうしておいたほうが濡れないかもしれないと思ったのだ。

上着だけを着た格好で水に足を踏みいれた。ものすごく冷たく、すぐに腰の深さになった。リュックサックを降ろしてストラップをゆるめた。水のなかを渡るときにはとても重要なことだ。バッグのなかには空気が入っているので、浮く。背中にくっついていると、すぐに頭が水中に沈んでしまう。川の流れが速ければ、なすすべもなく溺れてしまう。リュックを片方の肩にかけるのが好きな人もいるが、それだとバランスを崩すだけだと思う。ストラップをゆるめるほうがいい。そうすれば重心は均等になるし、必要になったときにはそこから抜けだせる。理想を言えば、水に入るまえにバックパックをはずす練習をしておくべきだ。そうすれば、強い水流に引きずられながらそのやりかたを試さなくてすむ。

数歩進むと、凍える水は胸まで来たので、リュックサックを降ろしてビート板のように体の前に持ち、泳いで渡った。対角線上にかなり下流に流され、向こう岸についたときには、リュックサックは水を吸ってかなり重くなっていて、持ちあげるだけで精いっぱいだった。激しく震えていたので、リュックを離してしまうかもしれないと思ったが、なんとか離さずにすんだ。言うまでもなく、パスタも米もだめになり、なかに入れた服をはじめとして何もかもびしょ濡れだった。

いま考えれば、自分の決断がまちがっていたことがわかる。川を渡る別の方法を見つけるべきだったが、向こう岸に着いたときにいちばん大切だったのは体を温めることだった。凍えるような寒さのなかで濡れた状態だったから、体を乾かすことができなければ、低体温症になる可能性が高かった。三十分もしないうちに生命が危険な状態になっていただろう。

最初にしたのはテントの設営だった。濡れてはいたが、悪天候を防いでくれる。火をおこせる可能性はなかったので、シュラフに潜りこんだ。シュラフはびしょ濡れではなく、湿気を帯びている状態だった。さいわい、ダウンのシュラフを買うお金がなかったので、合成繊維だった。それで命が助かったのかもしれない。ダウンのシュラフはやわらかいガチョウとアヒルの羽毛からつくられていて、その羽毛が合わさって空気の層ができ、体の熱が蓄えられて温まる。羽毛が濡れるとかたまってずぶ濡れのボール状になってしまい、断熱層に裂け目ができるので、役に立たなくなる。合成繊維のシュラフには均等な断熱層があって、濡れても裂け目ができないので、ある程度は保温性が保たれる。ダウンのシュラフや衣類は寒くて乾燥した場所には適しているが、合成繊維はイギリスやニュージーランドのような気候の場所では正しい選択になる。

体熱だけで着ている服がどれだけ乾いてしまうかには驚かされる。いちばん下に着ていたポリプロピレンの服はかなり早く乾き、ひと晩あれば服を乾かすにはわたしの体熱だけで充分だった。それ以外のものはすべて凍りついていたが、悪いことではない。朝になったら氷を叩いて取り除けばいいだけだから。

その経験から学んだのは、まちがって決断をしてしまっても、あきらめるわけにはいかないということだ。自分が選んだ道には責任があるから、やりとおさなければならない。今年のはじめ、わたしはルーマニアでサバイバル番組のための調査をしていた。スタニもいっしょで、ふたりでロケ地を探していた。プロデューサーは、できるだけ最短のルートでできるだけ見た目のちがう地形を撮りたがっていた。わたしたちの仕事は、そんなルートを探しながら、スタッフのアクセスと脱出の方法、空輸輸送の選択肢、サバイバルのチャレンジ、ロープのスタント、ヘリコプターの着陸などについて、確認していくことだ。地図を調べ、数キロ内に森と岩層の露出と水がありそうな場所を見つけ、そこに向かった。

春だったので、凍えるほどではなかったが、高地ではまだとても寒かった。尾根に沿って数キロ歩いたところで、地図上にない断崖に出た。信じられないかもしれないが、こういうことは遠隔地ではよくある。特に政府が地図製作より経済を優先させようとしている国ではそうだ。ホテルを出るまえにグーグルアースをチェックしていたが、衛星写真は夏に撮られていたので、茂った葉がわたしたちの眼下にある険しい岩の崖を隠してしまっていたのだ。

来た道を戻ることもできたし、懸垂下降して下山する別のルートを見つけることもできた。崖の下まで行ってしまったら、また登って戻ることはできないのはわかっていた。一方通行になる。わたしたちは懸垂下降を選び、まもなくとても狭い峡谷に出た。百メートルも行かないうちに熊の糞を見つけた。小さかったので、そのあたりに食べ物が少ないことがわかった。もう少し歩くと、岩の表面に一連の小さな洞穴があるのが見えた。まさに雌熊が出産しそうな場所だ。春で、子熊が生まれる季節だった。

通常、熊から身を守るには、音を立てれば、逃げていく。だが、母熊はけっして子熊のそばから離れない。それどころか子熊を守ろうとして、脅威を感じると襲ってくる場合もある。母熊は自分の命を危険にさらすことはしないが、簡単にしとめられると思えば、こちらが噛み殺される大きなリスクがある。

スタニとわたしは立ちどまった。音を立てたくなかったので、いまの状況を話しあうこともできなかった。選択肢の検討には時間はかからなかった。戻れば崖にはばまれるので、前に進むしかないが、峡谷の長さもどこに向かっているのかもわかっていなかった。熊を怖がらせてしまった場合に心配なのは、わたしたちの後ろ側へ走って逃げようとすることだ。峡谷がとても狭いので、そうなると踏みつぶされる恐れがある。

できるのは、なるべく速く音を立てずに歩くことだけだった。一歩進むごとに心臓が飛びだしそうだった。すべての洞穴の入り口を見て、熊が飛びだしてきたときに備えて身構えた。峡谷が少しカーブを描いていたので、どれくらいの距離があるのかがわからなかった。一歩ずつ、気をつけながらも意図的に足を進めるしかなかった。動物は恐怖のにおいを嗅ぎとるという話はよく聞く。それが本当かどうかは知らないが、ずっとそのことを考えながら、岩や砕石を越え、滑ったり転んだりしないように気をつけていた。

二十分ほど歩いたとき、だんだん峡谷が広がって、その下の森に這っていくことができた。山を下りながら、懸垂下降に決めた自分たちの決断がまちがっていたのかということを話しあった。わたしはわかっていた事実に基づいた最善の決断をしたと思っていた。まちがっていたのはあんなにひどい地図を持って出かけたことだ。だが、まずい状況になっていることを自覚したときにも、自分たちの決めたことをやりとおした。サバイバルの現場でまちがった決断よりも危険なことがあるとしたら、決断できないことだ。

Part 14

社会的なマインド

The Social Mind

『The Island』のような番組、そしてこの点では『Big Brother』〔訳注：十数人の男女を三カ月間同居させるリアリティー番組。オランダ発だが、多くの国で自国版が放映されている〕や『I'm a Celebrity』〔訳注：有名人十人がジャングルで食糧調達などのチャレンジをするリアリティー番組。視聴者投票でひとりずつ脱落する〕のような番組でも同じなのだが、こういった番組が人気なのは、見知らぬ者同士のグループがどうやってコミュニティをつくっていくかを見るのがみな好きだからだ。リーダーは現れるのか。仲間割れは起こるのか。誰が仲裁人の役割をするのか。そして誰がみんなをいらつかせるのか。

グループの力関係というのは、わたしにとっては飽きることのない魅力的なテーマで、この二年間ずっと『ウォーキング・デッド』を観ているのもそのためだろう。観たことのない読者のために説明しておくと、ゾンビによる終末を迎えたあとのアメリカが舞台になったドラマで、生き残った保安官のリックがほかの生存者を探していく姿を追っていく。

脚本家はリックがかかわりを持ついくつかの生存者のコミュニティを描いている。犯罪者の集団もあれば、とても親切な集団もあり、独裁的なリーダーがいる集団もあれば、メンバー全員で物事を決めている集団もある。番組が示唆に富んでいると思うのは、大きな災害のあとに人間が起こす行動の可能性を見せているからだ。観ていると、船が難破したときにいっしょにいたいと思うような人について本当に考えさせられる。

生死を分けるような状況におかれたときに、自分ひとりではないという可能性は高い。いっしょに生き残った人、そして彼らとのかかわりかたが、無事に文明社会に戻ってこられるかどうかに大きな影響を与える。理論上は個人よりもグループのほうが生き残る可能性はずっと高いが、グループの力関係が害を与える、あるいは危険にすらなることもあり、ゾンビの危険がない場合でもそういうことは起こりうるのだ。

『The Island』では、十四人の一般人が太平洋の島に一カ月間、彼らだけで残され、自分たちを撮影する。観ている人にはわかるだろうが、出演者のあいだで何度も対立が起こり、そのあとで急いで話し合いがおこなわれ、分裂を修復して和解しようとする。その番組のキャスティングにはかかわっていないが、プロデューサーが人選に長い時間をかけてよく考えているのは知っている。明らかに必要とされているのは、年齢やバックグラウンドの多様性と、テレビ制作の経験がある人と医師免許を持った人をつねに数人入れることだ。だが、彼らは多少のドラマも期待している。南極研究所での長期滞在のように性格の不一致がないことが重要な場所とはちがって、出演者がときおり神経を逆なでしあうようなことがなければ、プロデューサーはおもしろい番組をつくれない。わたしがいまでも『The Island』を心惹かれる社会実験だと思っているのは、もし飛行機が墜落したときに、誰といっしょに生き残ることになるのかはけっしてわからないからだ（あるいは、これから数年間同じビルで誰といっしょに仕事をするはめになるかも）。

『The Island』に出演した男女は自分たちがどういう目に遭うのかはよくわかっている。特にセカンド・シーズンの出演者たちはファースト・シーズンを観ていたという大きな利点があるが、『Mission Survive』に出演する有名人は、飛行機に乗せられたときには自分たちに何が待ち受けているかをほとんどわかっていない。出演を依頼されたときに聞いていたのは撮影日だけだ。出発が近づくと、たとえば南アフリカというような場所は知らされるが、南アフリカのどこかについては知らされない。だから、自分たちが行く場所の環境や高度や気候などについて知ることができない。

『Mission Survive』のエピソードを六回分撮影するとしたら、各エピソードは四十五分で、出演者は十二人いるので、毎週ひとりの出演者が映る時間はほんの数分にすぎない。つまり、カメラが回っていないところでものすごく多くのことが起こっている。だから、出演者が精神的にまいってしまう姿を見た視聴者は彼らを軟弱だと思うかもしれないが、信じてほしいのは、こういった番組はどんなテレビ番組にも劣らないほどタフで困難なのだ。そんな番組に出演した人全員をわたしは深く尊敬している。そのような未知の世界に足を踏みいれるすばらしい勇気を持った人たちだ。視聴者は、有名人たちが厳しい試練を与えられる時間を実際より短いと思うが、それだけでなく、彼らが自分たちの命をわたしたちに完全にゆだねていることについても理解しているとは思えない。どんなときも、次に何が起こるのか、出演者はまったくわかっていないのだ。

彼らが味わうストレスはとてつもなく大きい。うろたえていて、愛する人たちとの連絡もできず、空腹で、スタントのためにあらゆる時間に起こされ、睡眠時間は奪われ、安全地帯からすっかり追いやられてしまう。これに似ているのが軍隊が使う訓練法で、兵士のレジリエンスを高め、予期せぬ出来事に対応させて鍛えるために使われる。人をすばやく弱らせて立ち直らせないためには、力を奪ってコントロールし、厳しい状況に直面させればいいので、出演者が撮影中に暗示にかかりやすくなり、傷つきやすくなることがあるのも不思議ではない。出演者のなかには自分が決断力を持っていることを忘れてしまう人もいて、そうなるとわたしたちが彼らをケアする大きな義務を負うことになる。

わたしがかかわっている番組で、出演者が数日ごとに評価され排除されるタイプのものでは、人質が犯人に感情移入してしまうストックホルム症候群に似た状態になるのを見てきた。出演者は彼らのそばで仕事をしているスタッフにあまりにも頼るようになるので、撮影班やディレクターを敵と見なしてしまう場合がある。つねにいっしょにいる人たちに強い執着心を抱いてしまって、信頼しすぎてしまい、暗示にかかりやすくなることがある。

収録中に肉を食べなくてもいいという条件で出演に同意したベジタリアンの出演者がいた。彼女にはフリーズドライの食品が与えられたが、どう見てもそれだけでは足りなかった。探検旅行の食糧は参加者の必要に応じてとても注意深く調整される。フリーズドライの食品のなかには千カロリーを越えるものもあるが、プロデューサーは彼女がほかの出演者と変わらない試練を受けるように、与えるものを制限していた。それは明らかに功を奏していた。あまりにも空腹だったので、彼女は数日後にはミミズを食べざるをえなくなり、それから魚の目も食べた。そのことにひどい気分になり、完全に取り乱した状態で選択肢がないと思ったとわたしに語った。実際には選択肢はあった。それはまちがいないのだが、そのような探検旅行では、自分の食生活に自主性を持てないと感じさせる雰囲気になってしまう。

別のシリーズでは、泳げない出演者が湖に飛びこむように言われたことがあった。あらかじめ救命胴衣は与えられていたのだが、このとき彼女は何も言えないと感じていた。探検旅行という状況で、自分で考え、異議を申したてる能力が失われてしまったのだ。彼女は溺れそうになり、救助される事態になった。

『Mission Survive』のような番組をつくっているときには、このような現象を導くあらゆるプレッシャーがある。最初は、とりわけ自分が有名人であることから、出演者たちは自分には何も悪いことが起こらないようにしてもらえると確信しているし、医療や安全確保のチームがいることもわかっている。そういう安心感から、何を提案されても落ち着いている。彼らの映像を放映することで論争を招くとか、司会者に批判されるのではないかと心配する人もいるだろう。彼らは自分自身を視聴者に見せるために番組に参加しているので、たいていの出演者は気楽になんでも引き受ける人間だという印象を与えたがっている。

この現象は客を連れた探検旅行でも起こり、客がわたしに頼りすぎてしまうと自分で考えるのをやめてしまう。これには危険が潜んでいる。もしわたしに何かあったら、彼らは自分たちで安全を確保しなければならないからだ。わたしを信頼して安全だと感じてもらえるような雰囲気をつくるようにしているが、こちらが何かを見落としたときには、ロープがちゃんと結ばれていないとか、捕食動物を見たとかを、はっきりと言ってもらう必要がある。人為的ミスというのは、けっして完全には排除できないものだ。客がわたしの言ったことに疑問を表明することは驚くほど少ないが、それはわたしが失敗をしないからではないと思う。優秀ではあっても、けっしてミスを犯さないわけではない。

わたしは客といっしょに行動しながら、決めたことをいつも説明する。比較的穏やかな川を渡る方法のようにはっきりわかっていることでも、流れが速くなったときや、動物の死体が浮いているのを見たときにどうするかについて話しあう。客にはすべてに疑問を持ち、油断せず、自分のまわりに注意を払ってもらわなければならない。そうすれば自分の決断は自分でするという立場が維持できる。

子供たちに意見を言わせるのはもっと難しくなる場合がある。数年前、恵まれない若者を最高の旅に連れていく資金を集めている組織と協力した。わたしは十五歳から十七歳の十二人の若者を南アフリカへの一カ月の探検旅行に連れていった。教師がひとり同伴していて、彼は福祉事業の責任者だったが、わたしが若者たちにもっと責任を持たせようとすると、すぐに介入してきてあらゆることを管理しようとしてきた。残り十日というときに、ようやく教師を少し下がらせることができ、彼らに意思決定をさせられるようになった。彼らのほとんどはそれまでに旅をしたことがなく、どんな責任を負ったこともなかった。ましてや外国で移動や宿泊の予約をするなど、はじめての経験だった。

これからのことにわくわくしている子もいたが、ほとんどはとても不安そうだった。わたしは彼らに言った。「いい？　もうここに三週間以上いるのよ。どうすればいいかはわかるでしょ。バスを予約して、ホステルを予約して、あとは食事もしなければならない。これが予算。全部できる方法は見つかるはずよ」

教師が何もかもやっていたので、このグループはとても怠惰になっていて、すぐにおたがいを責め、行動の責任を自分たちで取ろうとしなかった。まずいスタートだった。彼らがいろいろなことを見落としているのははっきりしていた。だが、その時点でのわたしの仕事は教師がまた介入してくるのをとめることだと思っていた。

たとえば、次の村のホステルを予約していなかったことをわたしたちは知っていたが、旅のその段階では、どこか眠る場所が必要だということも彼らはわかっているはずだった。だが暖かかったので、最悪でも星空の下で夜を過ごすことはできるだろうと考えた。

村に着くと、自分たちのしたことに気づいた学生たちはちょっとしたパニックになったが、結局その夜はうんざりするような古いホステルを見つけてきた。朝、彼らがミーティングをおこない、わたしたちはみんな席に着いた。これからの旅の計画をもっと細かく立てることを期待したのだが、実際は、宿の予約をしていなかったことを教えなかったわたしたちが責められた。

彼らの考えかたでは、わたしたちは大人だし、彼らの日常生活では大人がリーダーだ。だが、会話が進むにつれ、彼らは自分たちで決断するようになり、今後は物事をどのように管理していくかについて話しはじめた。

翌日、彼らは次の目的地へのバスを予約した。最終目的地で、〝休息とリラックスの日々〟と名づけられた旅の最後の数日を過ごす予定になっていた。充分なお金が節約できれば、急流下りのような刺激的な経験をするチャンスもあった。わたしたちは、彼らがチケットを買うのを見て……寝にいくのも見ていた。誰も目覚まし時計をセットしなかったのもわかっていた。

教師とわたしは、彼らに言うべきか、自分たちで目覚まし時計をセットするべきかを話しあった。次のバスは三日後にしか来ないが、それでも飛行機にはまにあうので、彼らには言わないことにした。

目を覚ましてバスにまにあわなかったことを知った彼らは怒った。もっとずっと刺激的なことができたはずなのに、小さな村に足どめされてしまったのだ。だがわたしは、彼らにとってすばらしい人生の教訓になったと思いたい。それ以降、彼らはあらゆることに疑問を抱くようになり、かなり注意深くなった。彼らがチームとしてまとまって、コントロールしている姿を見るのは本当にうれしかった。最後の数日で、最初の三週間よりも多くのものを得たはずだ。グループがリーダーに挑戦することは本当に大切なのだ。

わたしが気づいたのは、探検旅行であれ、『The Island』のようにあらかじめ計画された状況であれ、グループというのは四つのはっきりした段階を踏むということだ。形成、混乱、統一、機能の四段階で、一九六〇年代にブルース・タックマンという心理学者の調査で充分に立証されたものだ。

形成期は、みな会ったばかりで、たくさん雑談をし、かなり礼儀正しく、おたがいのことを確認しあう。ばかだと思われたり、誰かを怒らせたくはないので、目立つことや軽率な話をすることは控える。〝形成〟はかなり礼儀にかなった段階に見えるが、尊敬や同意ができない人たちといっしょに閉じこめられているとわかったら参加者にはかなりストレスがかかる。数日後には、〝混乱〟に入っていくのは避けられず、そうなると怒りがあらわになり、何もかもが台無しになる。爆発しそうな状態で、人々は怒りをあらわにして問題を解決し、その後はかなり落ち着いたカテゴリーのグループにおさまりはじめる。カテゴリーはリーダーであったり、従う人であったり、仲間内で脇役を務めるような人であったりする。

グループはそれから〝統一〟、あるいは正常化の段階に入る。そこでは各自が定められた役割に慣れていく。〝機能〟の段階になると、自分たちの役割に自信を持ちはじめ、グループ全体の機能が向上しはじめる。

だがそれからかならず、なんらかの理由、たいていは誰かが自分に合わない役割に行きづまるか、リーダーがまちがった判断をしはじめるかで、また混乱期に戻ってしまう。そこから新しい階層が生まれて、みながちがう役割に落ち着いていく。観ていておもしろいものだが、そうなることがいかに多いかには驚かされる。

空港で客を見定めることについてはすでに書いたが、支配する男性になりたがるタイプに会うとそれがはっきりわかる。彼らはつねに感謝されたがり、グループの支配的地位におさまらなければ気がすまない。そういうタイプの人間を扱ったことは何度もあるので、彼らが長期にわたって問題になることはめったにない。わたしは自分のリーダーシップを主張する方法を知っているので、彼らを管理できる。たいていは感情的サポートをとおして、役割を与え、必要とされていると感じさせれば、彼らのエゴを落ち着かせ、認識し、ちゃんと話を聞いていると示すことができる。

誰でも自分が尊重されていると感じる必要はあるが、自分に満足している人は外部からのフィードバックをさほど必要としないのに対して、感情的に苦しんでいたり、不安を感じている人には、グループの一員であると感じさせてもらえるサポートがより多く必要だ。リーダーとしてチーム全員を安心させ、尊重されていると感じさせることは、緊急時にコントロールを維持するために必要なことだ。

最終的には、わたしは探検旅行の参加者全員の安全に責任がある。彼らがわたしをどう扱おうと、心の底では彼らのことが好きかどうかにかかわらず。良いリーダーは、トラブルメーカーの可能性がある人がトラブルになるまえに対処できなければならないということだ。

まだ二十代のはじめのころ、わたしは湖水地方でオフロード・ドライブを教えていた。生徒の大半は男性で、チームをまとめる研修か男だけの週末を過ごしているかで、助手席にいるわたしをひと目見て、教えてもらえることは何もないと思う人が多かった。仕事をつかむためにお世辞や誘惑を使ったことがないと言えば嘘になるが、使いたいと思う道具ではない。こちらが依頼した仕事を相手がする理由は、彼らがわたしを尊敬していて、することを誇りに思っているからであってほしい。それとなく暗示されたことで性的、あるいはホルモン的に刺激されたからであってほしくはない。

特定の文化やバックグラウンドで育った男性と働くときには、性的なものや女性らしさは見せないようにすることも学んだ。状況によってはそんな態度を見せると、自分の立場が弱くなるか、あっというまに彼らよりずっと低い地位に追いやられてしまう。そういうことを厳しいと感じることもある。男性の同僚が現地の人たちと笑いながら問題を解決しているのに、わたしにはそんな贅沢は許されないからだ。ときどき冷たい人間にならなければならないと感じるが、もともとわたしはそんな性格ではない。

パワーアップされた車のハンドルを握ると、男性は自分が無敵になったようなやんちゃな気持ちになってしまうようだ。気持ちはよくわかるが、男性が新しいおもちゃを与えられた子供に戻ってしまって、その興奮に感情を支配されているのがはっきりわかることが何度もあった。わたしが何を言っても、ひと言も聞いてくれなくなる。何トンもある車を技術を要する地形で運転していて、しかも集団で移動しているときには、とんでもなく危険なことだ。話を聞いてもらう方法を見つけなければならないので、そうした。

最初に乗り越えてもらわなければならない障害のひとつは、峡谷を抜けていく険しい泥道で、運転しているランドローバー・ディフェンダーやランドクルーザーの車高と同じくらいの岩がある場所だ。泥道には深い轍（わだち）がついていて、中央に大きな岩がある。方向をまちがえると、車のロールケージに押しこまれたまま急角度で横に傾くか、岩の上でバランスを取っているシーソーのように身動きが取れなくなってしまう。

オフロード・ドライブに関するよくあるまちがいは、障害を越えるためにはスピードを出さなければならないと思ってしまうことだ。そういうこともあるのだが、本当に必要なのは、制御、精度、バランス、それにタイヤが正確に地面のどこにあるのかがわかる能力だ。あたりまえだと思われるかもしれないが、自分の目の前にディフェンダーの長いボンネットがあると、タイヤがどこにあるかを判断するのは難しくなる。

男性はかならず障害でスピードを出しすぎ、立ち往生して、岩の上でゆらゆら揺れることになってしまう。何度も何度もエンジンの回転数をあげるが、ようやくどうにもならないことを受けいれ、わたしはちょっとした満足感を覚えながら、穏やかに車をそこから動かす手順を話して聞かせる。それ以降は、彼はしっかりとわたしの話を聞くようになる。彼のような人はほかにもいる（興味深いことに、そんな状況では女性のほうが運転がうまくなる。最初から自分が新しいスキルを身につけようとしていることを受けいれ、そうするにはインストラクターの話を聞くことがいちばん論理的な方法だとわかっているからだ）。

男性ならば必要のない方法でときどき自分の能力を証明しなくてはならないことにはもちろん不満を覚えるが、マッチョな男性と乗っているときには男性のインストラクターより楽になることもある。スタニは、ほかの男性から発情期のライバルの雄鹿のように扱われることが多いと言う。スタニが肉体的な脅威を覚えることはないが、自分が仕事をしようとしているときに、たえまなく角を突きだされたらものすごくいらいらするし、エネルギーを消耗するはずだ。それに対して、わたしは女性であることでリーダーシップにおいて相手を操作しやすくなる場合がある。たとえば、男性にやらせたいと思っている方法が最初から相手のアイデアだったと感じさせてやればいいが、スタニがそんなことをしたら、相手に権力を渡してしまうことになる。わたしは自分が出会ったたいていの人より健康だし、スキルも知識も豊富だが、それでも性別に関しては弱い立場だと感じることがある。かつて、わたしに執着してしまった客も何人かいた。ある男性には法的な禁止命令を出してもらわなければならなかった。その男性は何年にもわたって何百通ものメールを送ってきて、内容がどんどん性的に露骨なものになり、脅迫めいてきたからだ。いくら彼のＩＰアドレスをブロックしても逃げ道を見つけてくるので、警察に届けるしかなかった。いまはわたしのツアーに参加する人は入念に検査するようにしている。

考えたくないことだが、もし探検旅行で何かが起こり、どこかに長期間男性グループと閉じこめられることになったら、性的暴行が心配になるだろう。誰しも、特に災害のあとでは立派なおこないをしたいと思っているはずだが、多くの証拠によって、人間は結果に責任を負わなくてもよくなれば、その立場を利用したふるまいをすることがわかっている。ハリケーン・カトリーナの被災者が避難場所にしていた競技場であったレイプのことを考えてほしい。文明はあっというまに崩壊するのだ。

わたしは怖がりではないが、最近モロッコに行ってテレビ番組の撮影準備をしていたとき、二度と味わいたくない経験をした。その番組では、砂漠であった有名なサバイバル・ストーリーを再現しようとしていたのだが、実際に起こったときとは季節がちがっていた。そのため、ストーリーに欠かせないウチワサボテンが撮れる場所を見つけるためにルートに沿って移動しなければならなかった。難しいことではなかったので、制作チームの誰かを伴うことなく、現地スタッフといっしょに行ったのだが、彼らは全員男性だった。モロッコでもかなり田舎だったが、撮影にはよく使われる場所だったので、女性と働くのは慣れているだろうと思っていた。

わたしたちは古代の貿易ルートだった峡谷にいた。理由はすぐにわかる。気温がしょっちゅう四十五度を超えるような国では、狭い峡谷の底で日陰を歩くほうがずっと理にかなっている。そのために現在でも使われているのだ。

わたしはつねに現地の文化は尊重するようにしているので、長そでシャツと脚を完全に覆うズボンを身につけ、髪は帽子のなかにたくしこんで、肌を見せないようにしていた。それにホストにはつねに礼儀正しく、親しく接している。だが、モロッコのその地域では、女性は体全体を覆うブルカを着ている。夫の後ろを歩くのがしきたりで、男性は複数の妻を持っている。

わたしは峡谷で閉じこめられたように感じた。閉所恐怖を感じたし、男たちがわたしを見る目つきは本当に怖かった。彼らの文化のなかにいて、彼らの態度に異議を申し立てる立場ではないことは受けいれるが、そうなると自分の仕事をするのが難しくなる。

上のほうで作業をしていた現地スタッフがいて、彼が蹴った石がしょっちゅう峡谷に落ちてきた。三十メートルの高さがあるので、頭に当たったら死ぬ可能性もある。上に向かってもう少し気をつけるように言ったが、石はずっと落ちてきたので、最後には大声で叫ばなければならなかった。わたしの優先事項は極限のリスクを冒しているチームの安全で、文化的な配慮よりも大切なことだ。翌日、わたしが叫んだ男性は現場に来なかった。わたしが受けた印象では、女性から怒鳴られたことを恥だと感じたようだ。

わたしがその男性に恥をかかせてしまったらしい事実によって、雰囲気はかなり悪くなり、さらに怖くなった。彼らがわたしを見る目つきやあとをつけまわすやりかたは、下品で耐えがたいものだった。逃げ場のない隅に入ってしまわないように気を張っていた。そのような地形でも敏捷に動けると自負はしていても、相手の人数は多く、助けを呼べる人たちは車で数時間かかる場所にいたのだから。

わたしが恐れていたのは性的暴行だけでなく、正直なところ命の危険も感じていた。友人に恥をかかせた復讐をしようと思えば、目撃者は現れないだろうし、警察もわたしの行方不明を捜査することさえしないかもしれない。制作会社が彼らに払っていた賃金はほかの仕事にくらべれば高かったから、賃金がもらえない可能性を考えて、わたしを傷つけることを避けているのだと思われた。わたしひとりでモロッコに来ていて、同国人の同僚がいなかったとしたら、何が起こっていたかは考えたくもない。

だからといって探検旅行で女性に問題がなかったわけではない。まったくちがう。女性客がわたしの命を危険にさらしたことはないが、旅で目撃した手に負えない衝突のいくつかは、リーダーになりたい男性同士ではなく、女性同士で起こっていた。

わたしはアメリカの旅行会社でガイドの仕事をしていた時期があり、十二人のパーティーをイタリアのドロミーティ山地でのハイキングに連れていった。こういったグループ旅行は独身女性に人気がある。一般化はしたくないのだが、キャリアウーマンで恋愛や結婚の機会を逃してしまった人が多く、そういう人は職業的立場が自意識を表すのに重要であるという考えが強くなっているように思われる。

仕事の上では、その場にいる唯一の女性であることに慣れていて、権力を持った唯一の女性であることはまちがいなく、そのために自分より若い女性から指示されることを受けいれがたいと思ってしまう。

そのツアーにはふたりの成功したキャリアウーマンがいて、ふたりともグループ旅行への参加経験が豊富だった。安いツアーではなく、何千ドルもするようなツアーだ。いつも気づくのだが、毎年のようにそんなツアーに参加できる客がいる一方で、パーティーのなかにはそのツアーが人生最大の旅になるという人もかならずいる。その探検旅行では最初からふたりの女性がライバル意識をむきだしにしていて、わたしにはさほど注意を払っていなかった。ふたりは空港を出た瞬間からにらみあっていて、自分たちがいかに重要人物で成功しているかという話をして、グループを支配していた。

ふたりのふるまいは対立的で、グループを無理やりふたつに分けてしまった。まもなく両サイドから相手を攻撃するやりかたがエスカレートしていった。信じられないことだ。みなで大西洋を渡ってここまで来て、目の前にはすばらしい景色が広がっているというのに、みんなが気にしているのは相手から点数を稼ぐことだけなのだから！　特に困難な旅ではなく、登山というよりはウォーキングといったたぐいのものだった。それでも危険な箇所はあり、小さなアクシデントが大きな事故につながる可能性があった。難しい行程ではチームワークが必要だったから、注意が不可欠だった。

そのようなグループの分断が起こった場合は、たいてい調停役を演じる人物が現れる。そういう役割を演じようとする人はとても感情的である場合が多く、派閥間の妙なピンポンゲームにとらわれてしまい、どうすることもできなくなる。結局事態を悪化させて終わることが多い。

　わたしはふたりの女性に個別に話をし、彼女たちが全員にとって良くない雰囲気をつくっていると言った。ふたりの態度が変わらなかったので、いっしょにすわらせ、子供に対するように叱りつけた。ひどい状態だった。働いていた会社に電話をして、ふたりをツアーからはずしてもらうように頼むと、ありがたいことに会社は了承してくれた。わたしはふたりの敵意がグループの安全を脅かしていることを理由に彼女たちを送りかえすと脅した。そこまでしてようやくふたりの態度を変えることができたが、空港に戻ってきたときに全員がとても喜んだツアーのひとつだ。

　そのツアーでは山小屋とホステルに泊まっていたが、自然のなかで野営をする旅の場合は、チームを仲良くさせ、絆（きずな）をつくる秘密兵器がある。キャンプファイアだ。

　人間は何千年も火をおこしている。それは基本的にわたしたちの精神を形成していて、ほかの動物とちがうところだ。火を操る能力によって、水を浄化し、さまざまなものを食べられるようにし、道具を鍛造し、捕食動物を追い払い、熱と明かりを得てきた。わたしたちがみなキャンプファイアに反応するのは当然のことだ。誰といっしょだとか、どんなに厳しい日だったとかも関係なくなる。

　火は人間の深い部分に入ってくる。火のまわりにすわっていると、自分がコミュニティの一員だと感じる。行動がすべて分離され、個人主義になっている昨今では、火を分かちあうことがエモーショナルな経験になる。人生を変えるような経験のあとで大きな旅を予約する人は多い。そういう人は大きな感情的荷物を抱えているということだ。キャンプファイアはそんな荷物を降ろすのに手を貸してくれる。

偶然というには多すぎる回数、多すぎる人数の人がそうなるのを見てきた。キャンプファイアのまわりで交わした会話のなかには信じられないくらい親密なものもあった。別の状況だったなら、ほとんど知らない人にそこまでの話をするなんておかしいと思われるだろう。その日に見たすばらしいことを話しあっていても、水ぶくれや怪我についてであっても、あるいはただ魂に栄養を与え、自分についての新しい発見をしている場合であっても、探検旅行に力強い絆が生まれる。

ときには会話がとても個人的に、とても深くなり、古代、あるいは宇宙の何かに入りこんだような気分になる。もう二度と会わないかもしれない人々のグループの場合は、みながいろいろと打ちあけたくなるようだ。本当に生死を分けるような状態であれば、そのような会話はもっと真剣でエモーショナルなものになるであろうことが想像できる。

石器時代のコミュニティでは、火をおこしてつけておくことは生き続けることの中心にあった。それぞれの種族に火はひとつだけだった。火から誰かを遠ざけるということは、彼らから食べ物や保護を奪うということになるので、かならずしもうまくいっていない人たちも生き残るために暗闇で何時間もいっしょに過ごしていた。キャンプファイアはいつでもわたしたちのちがいを隠してくれる。わたしたちの祖先は物語や歌でおたがいを楽しませ教育していたので、わたしたちも火に対してまだその反応をする。自分自身の何かを分かちあいたくなるのだ。火には何かうっとりさせる力があり、そのために誰でもはじめて火をおこすとかならず有頂天になるのだ。

火はとても大事なので、わたしはいつでも火をおこす道具をふたつ持っていく。火おこし用のストライカーとたいていはライターだ。原始的な方法を要求される仕事では舞錐を選ぶ。そのほうが濡れた状態ではハンドドリルより効果的だからだ。ふたつの使いかたは同じで、とがった棒を別の木片の溝にこすって摩擦を起こす。だが、舞錐のほうが回転数が多いので、木が早く乾燥し、より高熱になる。一日をとおして、わたしはあらゆる機会にたきつけを集めるが、イギリスのような湿気の多い場所では、火をおこす数時間前に集めて、乾燥させなければならない。わたしは防水バッグに木の皮や枯れた種子の冠毛や枯れ草など、なんでも見つけたものを入れる。濡れているときは、カバノキの皮を探す。濡れていてもすぐに火がつくからだ。

ブッシュクラフトを教えるとき以外、いや実際はそういうときでも、二本のライターは荷物に入れていく。笑い話になるが、どうやって火をおこすのかと尋ねられるとわたしはよく「ライターとマッチですよ、みんなと同じ」と答える。そうしなければならないときは、ゼロからハンドドリルで火をおこすこともできるが、時間と労力を節約できるだけでなく、命も救ってくれるかもしれない道具をいくつか持っていくほうがずっといい。夜のあいだに身動きが取れなくなった場合は、バッグのなかにライターがあれば、のろしをあげて注意を引くこともできるし、キャンプファイアで身の安全を守ることもできる。現代の方法で火をおこすことは恥ずかしくもなんともない。

そして、グループのメンバーが疲れて空腹でいらいらして、おたがいの神経を逆なでしている場合は、すばやく火をおこすことが必要だ。早く火がつけば、みながおしゃべりをして絆ができるのも早くなり、ひと晩の仲間になれる。火は金属を鍛えるだけでなく、友情もつくってくれるのだ。

Part 15

リーダーシップ

Leadership

わたしはアウトドア業界のなかでももっとも経験と才能豊かな人たちと仕事ができ、とてもラッキーだった。はっきりわかったのは、努力もなしに自然とリーダーになれる人がいて、ほかの人たちはそういう人についていきたくなるということだ。もうひとつとてもはっきりしているのは、自分をすばらしいリーダーだと〝思っている〟人もいることで、そのことから良きリーダーシップがもたらす変化について考えるようになった。

ゾンビによる世界の終わり以降を描いたアメリカのテレビドラマ『ウォーキング・デッド』についてはすでに書いたが、もう一度その話をしようと思う。なぜならこのドラマを観れば、図書館にあるビジネス書を半分読むよりもリーダーシップについて多くのことを学べるからだ。主人公のリックは生死不明の家族を捜してアメリカ南部を歩いている。家族が見つかると、彼はすぐに生存者グループのリーダーになる。

リックはリーダーにはなりたくないのだが、彼がリーダーになることをみなに求められ、役割を受けいれるようになる。このドラマを観ていて、わたしはシーバート博士のレジリエンス研究を思いだした。特に、最高のサバイバーになる人は後ろに控えていることで満足しているが、必要なときには前に出る能力を持っているという発見のことだ。リックには、穏やかで賢く公平であるという資質があり、そのためにほかのメンバーが彼を信頼する。それこそわたしたちがリーダーに求めるものだと思う。彼らがずっとそばにいて（つまり生き残って）くれると思いたいし、わたしたちのために決断してくれると信じられるようになりたい。では、リーダーはどのようにしてわたしたちの信頼を得るのだろうか。

わたしがいっしょに仕事をした人のなかには、それは人をだますことだと思っているらしい人がいた。わたしはそういう人を〈フラッファー〉と呼んでいる。わたしたちはみなそういう人を知っている。自慢話が好きで、話が大げさで、言葉で部屋やキャンプファイアを支配する人だ。彼らは本当のことを言っておもしろい話を台無しにすることはないので、けっして話で彼らに勝つことはできない。最初は立派に見えることもある。自分の大げさな話を本当に信じているからだ。だが、いっしょに仕事をしているといらつくようになるのは、フラッファーには別の特徴もあるからだ。彼らは権力者が聞きたい話をするのがとても得意なのだ（だからフラッファー〈うれしがらせ屋〉という名前にした）。このために彼らは最後にはリーダーの地位につくことが多い。よく調べれば、彼らの実際のスキルはその話とはほど遠い。

早い段階では、フラッファーはグループがリーダーシップを求めるタイプの人だ。そんなふうに見えるし、わたしの考えでは、人間は強さに惹かれることが多いからだ。やがて彼らのバブルがはじけると、信頼できることがわかった別の人に取って代わられる。もちろん、フラッファーは冒険業界だけにいるわけではない。彼らはあらゆる組織であまりにも力をふるっている。おそらく面接では本当に立派に見えるからだろう。

信頼させるためには自分を信頼するように命じることだと信じているリーダーにも数人会ったことがある。こういう〈ディクテイター（独裁者）〉はチームとの感情のつながりがほとんどないことが多いのだが、それでも大声で命令し、なんの疑問もなく従ってもらえると思っている。ほかの人の視点に立つことがなかなかできず、かたくなで柔軟性がないので、危険になる場合がある。

わたしがなってほしくないと思うリーダーのリストで次に来るのが〈トゥー・クール・フォー・スクール（学校のなかではクールすぎる）〉タイプだ。彼らは自分の高価な服や派手な車で自分が責任者だと思わせる。チームに自由を与えすぎ、境界を定めない。そんな暇はないのかもしれない。身づくろいや、客の誰かをベッドに連れこもうとしているのだろう（そんなことをしてもチームにまとまりは生まれない。仕事が終わるまではパンツにしまっておくことだ）。

ときおり、ものすごく運が悪いと、〈フラッパー（ばたばた）〉が率いる探検旅行に参加することになる。期限が決められていると、同じところを何度も何度も走りまわって、チームをせきたてるタイプだ。フラッパーがリーダーだと最悪のタイミングでチーム全体がいらいらしてしまう。人間は群れをなす動物だから、リーダーのパニックが感染してしまうことがある。危険なのだ。フラッパーのもうひとつの大きな特徴は、すべてを細かく管理したがることだ。

　では、どのような人に探検旅行（あるいはゾンビに対抗するサバイバーの寄せ集め部隊）のリーダーになってもらいたいだろう。理想的なのは、必要とされているときに何げなく入ってきてくれる〈ナチュラル〉だ。彼らは自分と自分のチームを信頼しているので、チームにそれぞれの仕事をする自由を与えてくれるが、必要なときは手綱を締める威厳もある。ナチュラルは外見上は穏やかで、コミュニケーションと創造性を促してくれる。『ウォーキング・デッド』のリックのように、誰もが彼らのナチュラルな威厳に影響される。

　わたしはリーダーになろうと思ったわけではないが、ガイドをすることが無一文にならずにアウトドアで過ごし、自然を探検する方法だった。何年にもわたって、ありがたいことにアドベンチャー業界でももっとも才能ある人々と仕事ができ、チームを最高の状態に持っていく方法を教えてもらった。最初のころに学んだのは、リーダーシップは自然のなかではごまかすことのできないもので、とりわけ一カ月にも及ぶような探検旅行ではごまかしはきかないということだ。そんな旅行では、来る日も来る日もみなといっしょで、隣り合わせたハンモックで眠るのだから。本物のリーダーシップは確かなものでなければならない。

わたしにとってリーダーシップとは話を聞いてもらうことではなく、人々が最善を尽くせるように、そして最高の体験をしてもらうように、養成し、促すことだ。わたしはつねにみなの身ぶりを見て、グループ内の交流を観察し、誰がやる気をなくしているのか、あるいは誰が感情を隠しているのかなどを探る。きまって強調するのは、彼らに元気を与えるような、まわりの環境に関する話で、とりわけわたしに何かあったときに彼らの命を救えるようなことがあれば、その話をする。

最初にグループ旅行を率いてほしいと頼まれたのは、ギャップ・イヤーにニュージーランドで働いていたときだ。それは単なる日帰りハイキングで、アウトドア・センターを運営していた男性はただ「行ってこい」と言っただけだったので、そうした。すると質問してくる子供たちがいたので、もっと学んで、彼らにもっと多くのことを教えたくなった。ガイドをすることは自分の知識と熱意を使える方法だとわかり、あまり興味のなさそうな客が来ると、彼らを引きこむチャレンジを楽しむようになった。それはいまでも変わらない。わたしといっしょに旅をした人全員に、わたしと同じように自然の世界に驚き、感動してほしい。そうならなかったら、わたしが失敗したということだ。

イギリスに戻ると、マウンテン・リーダーの研修を受け、資格を取ったが、そのときにイギリスで資格を取った最年少のひとりだと言われた。その研修は両親からの十八歳の誕生日プレゼントだったのだが、試験に落ちたくなかったので、しばらく延期したのを覚えている。もし資格が取れなかったら、普通の試験に落ちるのとはわけがちがう。自分であることに不合格になるようなものだ。探検旅行に人を連れていきはじめたとき、ときどき彼らが期待するリーダーの見た目に自分がマッチしていないという事実に直面した。わたしは若すぎ、女でありすぎた。

イギリスはたしかにふたりめの女性首相がいる国だが、職業によっては女性に対する男性の割合が圧倒的に多い場合があり、アドベンチャー業界も例外ではない。探検旅行で唯一の女性であることに慣れすぎていて、スクールで見習いをしていたころからそうだったので、あまり考えることはない。だがときおり、男性の同僚なら言われないようなことを口にされる場合がある。ブッシュクラフトの講習会を運営していたときによくそういうことがあった。講習会に参加する男性の多くは、石器時代のユートピアのような経験ができると思っていて、女性が楽しんだり、ましてや上手にできるということに、明らかに困惑していた（もちろん、皮肉なことに、ブッシュクラフトのスキルのほとんどは伝統的には女性によって使われてきたものだ。なぜなら男性は狩りに行っていたから）。人によっては、わたしがいることでどういうわけか自分の男らしさが傷つけられると思う人もいるように感じられた。

テレビの仕事をしているときにもまだ、男性の一部からそういう印象を受ける。それは性差別ではなく、そういう役割の女性に接していないからだと思う。だが、すぐにそれを受けいれるようになる。そのためにわたしは、飛び跳ねたり、歌やダンスをつくるのではなく、その姿を見せて実践することで主張しているのだ。人が新しい概念や考えに適応するには時間が必要だ。

この仕事をはじめたときには女性のロールモデルがひとりもおらず、いまでもトップレベルにいる女性は多くない。そういう事実が新しく入ってくる人の想像するリーダー像に影響しているのは明らかだ。わたしはロールモデルになろうと思っていたわけではないが、次の世代は、サバイバル番組や山でガイドをしているわたし、そしてできることなら、ほかの女性を見て、女の子でも冒険ができるとわかってもらえたら、とてもうれしい。

自然を楽しむことには性別は関係ないとわたしは強く感じている。まえにも述べたように、自然はこちらが男だろうが女だろうが気にしないし、見た目も仕事も気にしないので、本当に解放感がある。自然のなかで時間を過ごすことでしきたりから解放される。なぜなら、自然はつねに試練を与え、自分の本当の姿を見つける機会を与えてくれ、自分に何ができるのかを自分自身とほかの人たちに見せてくれるからだ。

自然はこちらの年齢も気にしない。二十代のころ、しょっちゅう言われていたのは「おや、もっと年上だと思っていたよ」というセリフだった。特に自分に経験がない場合は、人に好かれたいと思いがちだが、ほかのリーダーと働いた経験から、何か悪いことが起こったり、厳しい選択をしなくてはならないときには、客が疑問を抱かないような個人的な威厳を充分持っていなければならないことを学んだ。わたしが何かをしてほしいと言ったときには、いつでもその理由をあとで説明できる。年齢に関するコメントは、年上だと思われるくらい自分がちゃんと仕事をしているしるしだと受けとっている。

ツアーを率いる仕事をはじめたときは、自分がどれだけの責任を負っているのかをきちんと理解していなかったかもしれない。プレッシャーや試練を受けるまで、自分がどれだけやれるのかわからないのだからなおさらだ。「ちょっとアフガニスタン（でもどこでもいいが）にグループを連れていってきたところでね」などと言う人は、クールだと思っているからだが、彼らは本当にひどいことが起こって自分で問題を解決しなければならなくなるまで、どれだけ重い責任を負っているかを理解していないのだ。

それは本当に大きな重荷だ。現場では、リーダーはパーティーの全責任を負い、彼らの代表として決断しなければならない。携帯電話の電波が届かないので、助けも助言も得られないことが多い。なんらかの行動をとらなければならないときにはとても強い確信が必要だ。もし自分がまちがっていたことがわかっても、少なくとも自分の信念は捨てないと言えるくらい自分を信じていなければならない。この業界で得られる収入がとても低いことを考えると、かなりの責任だ。残念なことに、低収入のせいで、リーダーとしての真価を発揮しだした多くの人が探検旅行業界から去っていく。

登山やラフティングやダイビングに情熱を持ち、好きなことを職業にしたいと思って、この業界で働きたがる人もいるが、アウトドアが好きだからといって、いいリーダーになれるわけではない。それどころか、逆になる場合もある。自分が旅から得られることにいつも集中してしまうという面があるからだ。わたしは早い段階で、探検旅行では自分がやりたいことは脇においておく必要があると気づいた。金を払っているのは客なのだから、彼らの体験がわたしの体験より優先されるということだ。アウトドア・インストラクターになりたいという人からたくさんのメールをもらうが、話をしてみると、彼らが趣味を仕事にしたいだけだということがわかる。情熱を持つのはすばらしい。わたしもそうやってこの業界に入ってきた。だが、ほかの人の命に責任が負える気質も必要だ。

いっしょに仕事をしてくれる人を探すときにはいつも、彼らの経験だけでなく資格も確認している。何年も経験がある人が応募してくれるのはうれしいことだが、彼らが基本的な資格を取るほど自分の仕事を真剣に考えているかどうかを確認したいのだ。多くの人がわたしの仕事、とりわけテレビの仕事は、アドレナリンがたっぷり出るスリル満載の仕事で、ヘリコプターを乗りまわして、世界を見ることができると思っているようだが、真剣な仕事なので、誰かの手に自分の命をゆだねるときには、基本的なことができる人であってほしい。

最初にマウンテン・リーダーの資格を取ったあとも、さまざまな資格を取った。スイフトウォーター・レスキュー、遠隔地での医療、アルペンスキーとノルディックスキー、マウンテンバイク、オフロード・ドライブ、産業用ロープアクセス、ロッククライミングに加え、サバイバルとブッシュクラフトの国際山岳ガイド資格も持っている。そのような資格があれば、雇用主に自分の能力を信頼してもらえるだけでなく、より良いリーダーになる手助けにもなってくれる。

　わたしがつねに責任者の立場になるわけではない。テレビ番組の安全確保スタッフのときには、ほかの人の下で仕事をすることもある。その仕事はあっというまに危険になる可能性があるので、責任者を信頼することが本当に大切だ。ときには責任者がスタニのこともあり、つきあうようになってからは、それが苦手だった。いまでもときどきそう感じる。仕事以外のときはわたしたちは平等で、どちらも自分の人生の所有権を持っていて、いっしょに決断を下す。

　不思議なのだが、わたしの下で働くことは、スタニは別に苦手ではないと言う。どうしてわたしの感じかたがちがうのか、ぜひ心理学的な理由が知りたいと思う。女性であることの不安なのか、認識されたいという欲望なのか、パートナーに服従したくないからなのか。正直なところよくわからないが、わたしたちはプロとして、どんな努力も惜しまない。仕事にはいいことだと思うが、恋愛関係を隠し、普段はパートナーに見せている反応を見せないようにすることは、恋愛にはあまり良くないことなのではないかと思っている。

　リーダーシップについてわたしがわかってきたことは、たえず試されることの大切さだ。同じ人があまりにも長く責任者の立場にいると、自己満足に陥ってしまう場合がある。シベリアンハスキーの血が混じっているタグは群れをなす動物だ。彼女はつねにスタニとわたしに充分な強さがあるのかテストしてくる。狼の群れのなかでは、若い狼はつねにボスに挑戦している。それで群れが不安定になるわけではなく、群れ全体を強くするための進化を促すプロセスのようだ。リーダーが試されることが多いほど、そのリーダーシップは向上する。さらには団結力もつく。グループ、あるいは会社や国に所属するすべての人が自分たちの代表の決定を信頼するからだ。

『The Island』に似た番組の仕事をするときには、よく狼の群れのことを考える。決まったリーダーがいない状況では、出演者がおたがいにたえず攻撃しあって、トップの座を狙っている。よく見るのが、典型的な中心人物タイプが議論を支配しようとする姿だ。しかし、そんなふるまいによって最終的にはグループの責任者になるかもしれないが、だからといって良いリーダーになれるとはかぎらない。

わたしたちが中心人物タイプだと思う男性の多くは、実はそうではない。本当に中心人物であれば、自分の優越性を示すために喧嘩をしたり言い争ったりする必要はない。そういう人には尊敬されるような性質が生まれつき備わっているからだ。誰かを尊敬すれば、その人についていきたくなる。アドベンチャー業界でよく会うタイプは、たいていは男性で、中心的な男性の役割を演じるが、もともと資質に欠けている人だ。良いリーダーはかならずしも先頭に立っているわけではないことがとても多い。

『The Island』では、たいていグループの滞在の最後には予期せぬリーダーが現れる。最初の週ではあまり注目を集めなかった人だ。たいていの場合、彼らは少し年上で、ずいぶん落ち着いていて、いつしょにいて安心できるタイプだ。話しかけたくなるような人なので、みなが話しかけ、その人にはほかの出演者の情報もたくさん入ってくる。それが自然な力になるのだ。わたしたちは自分の話を聞いてくれる人や、聞いてくれていると感じさせる人を好きになる傾向があるので、物静かなタイプの人がリーダーとして現れてくると、グループの士気があがることがよくある。

テレビ番組をつくっていると、中心人物タイプが目立とうとする行為がもっとよく見られる。とりわけ有名人のエゴがからんでくると顕著だ。ときにはプロデューサーに覚えてもらいたいだけというのがみえみえな人もいる。だが、本物のリーダーシップは見ればすぐにわかる。『Mission Survive』の第二シリーズでは、興味深いことに多くの出演者が、スチュアート・ピアースがリーダーになるだろうと自然に考えていた。スチュアートは元サッカー選手で監督も務めた人物で、グループのなかでは年長者の一員であり、肉体的にも長身でたくましかったが、グループのみなにリーダーになってほしいと言われても、その地位につくことに消極的だった。

彼はそもそもソフトな話しかたなので、リーダーにはなりたくないと言っていても、ほかの出演者は自然に彼に従っていた。結局のところ、生まれもってのリーダーだったのだ。人を呼びだして「～をしたら、やめさせられるぞ」と言うようなことを続けていると、映像ではどのように受けとめられるかということがスチュアートにはよくわかっていた。彼はチームをまとめていった。サバイバルの現場ではすばらしいことだが、テレビ番組の制作では、火花が散るような展開が必要とされる。スチュアートが無事にホテルに戻ると、グループ内の団結が崩れはじめた。彼のあとを引き継ぐナチュラルなリーダーがいなかったからだ。あっというまに小さな争いが起こりはじめ、いろいろな性格が表れてきた。

強いリーダーがいなくなったときにグループが悪い方向に進んでしまうという例は、とりわけビジネスや政治の世界ではよく見られる。責任者に何かがあった場合にほかの人がその立場になれるように準備をしておくことが大切だ。客のなかにはわたしの存在に頼りきっていて、自分のスイッチを切ってしまい、何もかもわたしが面倒を見てくれると思ってしまう人もいる。そのような依存は危険なので、誰かがわたしに頼りすぎていると気づいたときには、彼らが自分を信じられるようになる方法を探すか、少なくとも自分で決断をさせるようにする。『Mission Survive』では、出演者と旅をし、彼らの安全を確保するのがわたしの仕事だが、出演者のなかには何かをしようとするまえにわたしの承認を得ようとする人もいる。テレビ番組をつくっているときには、そのような依存は流れを変えてしまう場合があるので、わたしは特定の場面ではカメラに映らないようにして、出演者の自然なリアクションが撮れるようにしなければならない。

リーダーに何かが起こってもグループは生き残れるようにならなければならないが、リーダーのほうも、必要なときにグループのメンバーが行動を起こせるようにしなければならない。もしわたしに緊急の治療が必要になったら、いっしょにいる人に手当てをしてもらうか、手当てができる人を探しにいってもらわなければならない。支配したいだけのリーダーは、グループだけでなく本人にとっても害になる。

わたしは必要なときには大声も出せるし、強制もできるが、それはわたしの自然の姿ではない。大切なのは、危機的状況のときに威厳を保つことなので、方針がひとつしかないリーダーシップのスタイルには頼れないということだ。たとえば、もし客のひとりが女性に敵意を持っていることがわかったら、わたしはその敵意をなくす方法を見つけなければならない。恐怖心を抱いているグループならば、わたしのリーダーシップのスタイルはもっと母性的になる。良いリーダーは、自分がいるグループや状況に合わせて対応できるカメレオンになる必要があるのだ。

そのような柔軟性は、探検旅行はこうあるべきという態度よりもエネルギーを使うが、そのほうが客から多くのものを引きだすことができ、彼らも探検旅行からより多くのものを得られる。わたしは人をA地点からB地点へ引っぱっていくだけのリーダーにはならないように努力している。それならば、地図とコンパスを渡して、目的地に自分たちで到達できる方法を教えたほうがいい。客とはわたしの自然への愛を分かちあいたいし、彼らが自分のまわりの環境について理解できれば、そのぶんわたしは自分のことを良いリーダーだと思うことができるだろう。

Part 16

利己的なマインド

The Selfish Mind

仕事をはじめた初期のころ、ネパールでの長期のトレッキングを率いたことがあった。十日間の探検旅行で、六千メートルを超えるルートを歩いていた。天候が変わりはじめたので、ティーハウスにひと晩泊まることにした。ヒマラヤにはティーハウスがあちこちにあり、実際、山小屋より少し多いくらいだ。家族経営で、基本的なシェルターと食事を提供してくれるが、孤立した場所にあるのでそれ以外のものはほとんど備えていない。

そのティーハウスには登山客がいた。ベルギー人の三十代の男性で、滑落したようで腕を骨折しており、実際に骨が肉から飛びだしていた。〝滑落したようで〟というのは、実際のところはわからないからだ。意識が戻ったかと思うと、また意識がなくなってしまうという状態で、あまり多くのことを話せなかったのだ。わたしたちについていたシェルパがなんとか聞きだしたところでは、四日前に友人といっしょにティーハウスに来たのだが、友人はその日の朝に出発してしまった。その男性は腕を骨折し、傷を治療しなかったせいでひどい感染症にかかっていたのに、友人は彼を見捨てたのだ。そんなことをする人がいるなんて信じられなかった。

ベルギー人男性の面倒はティーハウスの主人とその妻が見ていた。できることはなんでもしていたが、感染症を治療する方法はなかった。数日間誰も通らなかったので、彼を病院へ連れていってくれる人もいなかったのだ。

わたしはできるだけのことをして、消毒し、一般的な抗生物質を投与したが、専門家の治療が必要だった。そのためにはカトマンズへ連れていかなければならないが、それには四日かかり、最寄りの道路まで行くだけでも険しい地形を越えていかなければならない。輸送手段はまったくなかった。歩くか死ぬかだ。だがひどい高山病にかかっていたので、彼はどこにも行くことができない状態だった。

高山病にはいくつかの段階がある。たいていの人は三千メートルを超える高さに来ると、頭痛や吐き気や息切れや睡眠障害といった症状に見舞われる。この男性はひどい山酔い（ＡＭＳ）の状態で、ここからは急速に命にかかわるふたつの状態に悪化する可能性がある。高地肺水腫（ＨＡＰＥ）は溺れたときのように肺に水がたまる症状で、胸腔に大きな圧力がかかったために起こる。もうひとつの高地脳浮腫（ＨＡＣＥ）は脳に水がたまる症状だ。頭蓋骨内で圧力が高まると円錐状になり、脳みそが水によって脊髄のなかに押しつぶされてしまう。

働いていた会社からガモフバッグを支給されていた。悪天候や暗闇のような緊急事態に患者を低地に運ぶことができない場所で一時的に使うために開発されたものだ。基本的には長いゴムチューブで、なかに患者を入れる。それから足踏みポンプで膨らませて高圧室をつくる。これによって患者のまわりの気圧が高くなり、その場所の高度にもよるが、患者を数キロメートル降ろしたのと同じだけの効果が得られる場合もあり、症状が緩和できる。男性をガモフバッグに入れ、傷の手当てができるくらい回復してくれればと願った。

わたしの医療セットにはニフェジピンとデキサメタゾンも入っていて、どちらもAMSの症状に効果があるものだった。ダイアモックスは毛細血管を広げて血流を速めることで、高地への順応を高める。だが、AMSの治療に最適なのは、患者を下山させるか、それができない場合は、ガモフバッグに入れることだ。気圧が高まることによって体がより多くの酸素を吸収できるようになるからだ。

わたしたちはほとんどひと晩じゅう、ガモフバッグのポンプを踏んで気圧をあげ続けた（ポンプを踏んでいる人もAMSになるリスクが高まるので、これはとても危険だ）。そして、朝には数人のポーターが彼を下山させた。残ったわたしたちはトレッキングを続けたが、登山旅行のつねで、ポーターたちとは二度と会うことがなく、ベルギー人男性がどうなったのかもわからない。わたしはよく彼のことを考える。そして彼を〝見捨てた〟友人のことも考える。当時は、そんなひどい状態の友人をおいて去ってしまう人がいるなんて理解できなかったが、何年もたってからは、状況によってはわたしも同じことをするかもしれないと考えている。

ふたりは親友だったにちがいないとずっと思っていたのだが、あとになって、ふたりはカトマンズのホステルで知りあって、いっしょにトレッキングすることになっただけではないかと思うようになった。もしかすると、友人の怪我がひどいことに気づいて、医者の助けを求めるために出ていったのかもしれない。もっとありそうなのが、パニックになったということだ。人里離れた場所で、死にかけている男と英語が話せないティーハウスのオーナー夫婦といっしょだったのだ。彼らの到着後には誰も通りかからず、きっと怖かっただろう。彼自身も高山病にかかっていたかもしれない。できるうちに下山しなければ、自分もそこで死んでしまうと考えたのかもしれない。

登山の世界では、高地では人の行動がいかに変わるかという話をよく聞く。七千メートルを超える場所は〝死のゾーン〟として知られているが、体に酸素がなくなって死に近づくからだ。長時間とどまることができる人はおらず、信じられないくらいエネルギーを消耗する。何週間も登山をしてきてそれだけの高さに着いたばかりだとなおさらだ。そんな高さで倒れると、立ちあがれなくなることもある。あまりにも疲れているからだ。死にかかっている登山者を見ながら、彼らの運命にまかせてその場を去ったという別の登山者の話は山のように聞いたことがある。登山をしない人には信じられない話に聞こえるだろうが、自分を救うだけで精いっぱいのエネルギーしかないときに、立ちどまって助けることができるだろうか。サバイバーのマインドセットとは、自分をいちばんに考えることではないだろうか。たとえほかの人が死にかけていたとしても。

わたしの考えでは、生死をかけた状況におかれたことがないかぎり、そのような選択をした人の行動を責めることはできない。とても有名なサバイバル・ストーリーに、一九七二年にアンデスでの飛行機事故から生き延びたウルグアイのラグビー・チームの話がある。『生きてこそ』という映画にもなった。有名になったいちばんの理由は、生存者のうちの数人が絶望的な状況で、最終的に墜落の犠牲者の肉を食べたからだ。死体は雪で保存されており、何週間も発見されずにいたため、生存者も死に近い状態だった。多くの人がそんなことはけっしてできないと言うが、自分が死ぬかもしれないと思ったら、本当にそうしないと言い切れるだろうか。

アドベンチャーの世界では、人肉を食べるどころか殺人にまで及んでしまった話も聞く。グループが立ち往生し、そのうちのふたりがキャンプから出て食べ物を探しにいくが、戻ってきたのはひとりだけだった。ふたりはほかの人よりもエネルギーが少しありそうだった。ひとりが崖から落ちたという話を信じるだろうか。それとも、殺して食べ物を手に入れたのではないかと考えるだろうか。

悲しいことに、自分の行動に責任を取らなくてもいいと考えると、社会はあっというまに崩壊してしまうという証拠はたくさんある。世界保健機構の報告では、火山の噴火からハリケーンにいたるまで、さまざまな災害のあとで暴力犯罪が増加したとされている。二〇一一年のロンドン暴動のときでさえ、略奪が急増した。悲しい事実なのは、混乱と悲劇を自分の利益のために利用しようとする人がいることだ。そんな人といっしょに生死を分ける状況におかれたと考えてみてほしい。彼らは捕まらないどころか、自分が死ぬかもしれないと考えているのだ。

　どういうわけか、船が難破するというような不幸なことがあったときには、倫理的にちゃんとした人たちといっしょになるとわたしたちは信じている。無人島に暴力癖のある他人や、まったく考えかたのちがう人と取り残されるという可能性はあまり考えない。自暴自棄になった人が生き残るために何をするかについても考えることはない。わたしは遠隔地によく行くし、飛行機のなかでたったひとりの白人女性になることも多い。もし墜落したら、ほかの生存者はわたしをどう扱うだろう。理論上では、いっしょにいるほうが生き残る可能性は高くなるが、わたしがひとりでその場を去ったほうが安全だという状況になることは容易に想像できる。

　やっている仕事を考えれば、わたしが生死を分けるような状況になる可能性は、探検旅行でまずい状況になったときのほうが、乗っている船が沈没する場合よりも統計的に高くなるだろう。サバイバルの状況でいっしょになる可能性が高い人の特徴がちがうということだ。最近トラウマを受けた人、つまり心的外傷後ストレス症候群にかかっている人といっしょになるかもしれない。彼らのＰＴＳＤに自分たちが直面しているストレスが火をつけてしまうかもしれず、彼らの行動にどのような影響を与えるかはわからない。いっしょにいる人が自分の生存を脅かす存在になると思ったら、彼らをおいて自分ひとりで自然のなかに踏みだしていくのではないだろうか。

　アラスカへのひとり旅を計画しているドキュメンタリー番組の企画があり、最近はほかの人から受ける脅威についてよく考えている。タグを連れて極北からアンカレッジまで歩くことになっている。わたしが望んでいた旅で、自分を試す必要があると強く感じているからだ。最近、探検旅行でもテレビの仕事でも、全員の安全を守るために少し手綱を締めなければならなくなっている。そのために自分の反応と反射をきちんと試し、リスクに対するわたしの耐性をふたたび探らなければならないという、強い思いに駆られたのだ。できるだけ自然に近づくために、最小限のものしか持っていかない。簡易シェルター、ライフル、斧、ナイフ、医療セットだけだ。

直面する大きな危険は、熊、狼（わたしよりタグにとって危険）、ヘラジカ、低体温、飢え、脱水、怪我、溺死、人的ミスだ。ライフルを持っていくので、食糧を得るために狩りをすることはできるが、捕食動物を殺すためにも使わなければならないかもしれない。だが、人間の捕食者に出くわしたらどうなるかを考えざるをえなくなっている。

なぜ荒野にひとりでいるのか疑問に思うはずだ。一匹狼なのか、ハンターなのか、逃亡者なのか？人間は群れをなす動物だから、ひとりで生きていくことにはふつうは慣れていないし、世のなかから自分を閉めだしているのにはちゃんとした理由があるはずだ。孤立した入植者には社会に背を向ける理由があると考えるのは不合理なことではないし、何カ月も人とのかかわりが絶たれているとしたら、彼らが社会と再会する最初の相手にはなりたくない！

制作スタッフとアラスカへの旅の話をしていて、最初は、わたしがルート上の牧場主たち全員と交流すればいい映像が撮れると考えていた。だが、女性がひとりで旅しているので、必要のない危険にさらされる場合もある。先に撃たなければならないような状況になったら？　自分の身を守るために人を殺せるだろうか。

それについてじっくり考え、そこから引きだした答えは……たぶんできるというものだった。どんな心理的影響を受けるかはわからないが、自分の命が危険にさらされたら、わかるはずだ。

かつては無理だと思っていたあらゆることが、自分にはたぶんできるのではないかと気づくことが多くなってきた。この本を書くことで、生き残るためにメンタル面で本当に大切なことについてますます考えるようになったが、考えの行きつく先はいつも次の問題になる。もし探検旅行を率いているときに不慮の事故が起こったり、とんでもなくまずい事態に陥ったりしたとき、客を救えないと思ったら彼らを見捨てられるだろうかということだ。彼らを見捨てることで自分が助かるチャンスが高まるとしたら、そうするだろうか。本当にできる？　そう考えるにはどれほどひどい事態が必要だろう。

ひとりで去ることで、助けを呼び、緊急事態を知らせることができるのなら、まちがいなくそうするが、救助のチャンスがないとしたら？　自分の命を救うために本当にそんなことができるだろうか。「もちろん、そんなことはけっしてできない」と言いたいが、極度の苦しみにさらされたときに人間の行動がどう変わるかはこれまでに見てきている。誰も本当のことはわからないと思う。他人ばかりのグループでわたしが唯一の女性であれば、わたしが行方不明になる可能性が高い。もしその男性たちがスタニやベアのようにスキルを持った人であれば、いっしょにいたほうがいいのは明らかだ。だが、水や食糧がほとんどなく、全員が生き残れるだけのものがなければ、わたしはどうするだろう。あなたならどうする?

そうなった場合、意識的な決断ではないかもしれないが、何年ものあいだに学んだことから考えると、ぎりぎりの事態になったら、体は生きろと命じる。最後の息を吸うまで闘おうとする細胞の衝動があり、社会から強いられる文化的な規範がなくなれば、想像するよりも人を見捨てることは簡単になるかもしれない。

それがサバイバルマインドを持つことの一部であるかどうかを発見したくはない。仕事をしていくうえでは自分の能力のかぎりをつくすので、できれば、わたしといっしょに自然のなかに入る人のなかにそんなことを発見する人がひとりも出ないようにと願う。

ミーガン・ハインとのQ&A

——世界のどこで仕事をするのがいちばん楽しいですか。

いちばん好きな環境は寒い山地ですが、世界じゅうのあらゆる場所に仕事で行っています。氷河におおわれた高山の上で仕事をしたと思ったら、翌日にはうだるような砂漠のまんなかに送りこまれることも実際にあります。でも、こういう多様性が大好きで、そのおかげで油断せずにいることができます。高い適応能力を持たなくてはならないし、こういうチャレンジが大好きなんです。

——このような男性中心の分野で女性のサバイバル専門家としての経験を教えていただけますか。男性の同僚よりも尊敬を得るのは難しいですか。

端的に言えば、そうです。仕事のなかにはわたしの性別が原因で難しくなるものがありますし、尊敬を得るためには男性より必死で働かなければならないこともあります。あるいは、男性の同僚にくらべて、自分がやったことに感謝されることも少ないように思います。ときには逆の場合もあって、それもまたもどかしいものです。たとえば、最近仕事でふたりの男性といっしょにヘリコプターのスタントを試していたときのことです。最後に現地の男性スタッフのひとりがわたしのところに来て、飛び降りたことをほめてくれましたが、男性の同僚にはそんな言葉をかけなかったんです。思いやりのある行為ですが、そこにあるのは、わたしが女だから男性には必要のない何かを乗り越えてできたのだろうという思いこみです。

わたしの仕事はサバイバルのコンサルタントにとどまらず、探検旅行を率いたり、テレビ番組のロケハンをしたり、旅の選択肢を探したりと、かなり幅広く、撮影がはじまると、サバイバル技術だけでなく、安全確保やロープの結びかたも教えます。世界じゅうの、あらゆるバックグラウンドや文化で育った人々と仕事をします。ときには、女性が男性と平等ではないとか、通常は男性と同じような役割を担っていない文化のなかで育った人とも仕事をします。そういう場合は大変になることもあり、ときには、このような文化と自分のエゴが闘う場合があります。たいていの人がそうであるように、わたしにも認められたいとか、尊敬されたいという気持ちがあるからです。でも、最終的には、わたしがそこにいるのは仕事をするためなので、それができる方法を見つけなければなりません。何年もかけて、物事を個人的に受けとめない方法を学びましたが、それでもときにはとても厳しくなることもあり、精神的に疲れてしまいます。

――旅で使うスキルについて話していただけますか（ロッククライミングや峡谷越えや急流の川を渡ることなど）。

わたしはハードからソフトまで広い範囲のスキルを使わなければなりません。ハードスキルには、ヘリコプターにロープをつないで、ドアなしで飛んだときに誰も落ちないようにするスキルも含まれます。ロッククライミングもハードスキルですし、障害物を越えるために斬新な方法を考えるのもそうです。それ以外には、火おこし、シェルターづくり、ハンティング、釣り、罠をしかけることなどがあります。ソフトスキルというのはコミュニケーションのようなスキルです。腰布をつけた部族の人たちと一時間話していたと思ったら、そのあとすぐに王族と話したりすることが毎日のようにあります。相手の言葉がわからず、向こうもこちらの言葉がわからないことも多いのですが、言葉を使わなくてもかなりの会話ができることには驚かされます。

――サバイバルの観点から考えると、どのような環境がいちばん厳しいですか。

どんな環境にも特有の厳しさや危険があります。高地で仕事をするときには、充分な酸素を吸収できなくなっているという事実に体を早く慣れさせなければなりません。極度に寒い場所では、重ね着をして、発汗を最小限にしないと服のなかで汗が凍ってしまい、命の危険にかかわります。ジャングルは非常に湿気が多いので、ちゃんと体のケアをしないと、数日で足が文字どおり腐りはじめます。夜、ハンモックに入るまえに、足と、体のありとあらゆる場所を乾かすことが大切です。ハンモックに入ったら、体じゅうに抗菌パウダーを振り、菌が塹壕足炎のような症状を起こすのを防ぎます。

――目的地に関して、出発前に調査をたくさんしなくてはなりませんか。たとえば、そこに住んでいる野生生物について学んだりしますか。

はい、わたしはそういう仕事を楽しんでいます。わたしが行く場所には地形がちゃんと描かれた地図がないことが多く、軍が管轄している場合は地図が手に入らないこともあります。グーグルアースはとても便利なツールでよく使いますし、ときには自分で地図をつくることもあります。

場所によっては危険な野生生物がいる場合もあり、そのなかには熊やサメのような大型の捕食生物だけでなく、マラリアやデング熱のような厄介な病気を媒介する蚊のような小さな生物も含まれます。危険について調査するのと同時に、どんな場所にも独自の秘密とすばらしさがあります。到着前にそういうものも調べ、その地域でどんな植物や動物が食べられるのか、それらが現地でどのように採取され調理されているのかも調べます。

――怖くなったことはありますか。

はい、毎日のように。恐怖は自然な感情で、わたしたちを生かしてくれます。恐怖を感じなければ長く生き残ることはできません。わたしは子供のころとても引っ込み思案で、そのために自然のなかにいると満足でき、リラックスできたのかもしれません。ほかの人たちから離れて、自分のむさくるしい髪やかっこいい服を持っていないことを気にせず、なりたい自分になれました。自然はわたしが何を着ていようと気にしないし、女の子だということも気にしません。アウトドアで肉体的にも精神的にも自分の限界を超えようとすることで、精神力と意志の強さを発見しました。これによって自分を完全に信じることを学び、恐怖をコントロールできるようになりました。

――自然のなかに出ていくときには、何を持っていくべきだと思いますか。

わたしは仕事上、まずい事態に備えますが、キャンプに行くときでも同じようにすべきだと思います。悪天候に備えて防水加工の服を持っていく。予定より長くなったときに備えて予備の食糧と水を持っていく。自分の安全がかかっているときには、それを持っていないよりも持っているほうがずっといいですから。

――影響を受けた本はありますか。あるとすればなんですか。

子供のころは、『ホビットの冒険』や『指輪物語』や『ナルニア国ものがたり』のような、想像力豊かなファンタジーが大好きでした。そういう本に何時間も没頭して、自分がホビットのひとり（もうちょっと愚痴が少ないタイプで！）だと想像したり、ルーシー・ペベンシーになって、その世界に住んでいる信じられない生き物たちと出会うすばらしい冒険をしているのだと想像したりしていました。八歳くらいのとき、『The Land of the Long White Cloud』というニュージーランドのマオリ族の民話が満載された本を、オーストラリアに行ったいとこからもらいました。なぜかはわかりませんが、その本の写真のとりこになってしまい、できるだけ早くニュージーランドに行きたいと思っていました。学校を卒業した年にバーでアルバイトをして飛行機のチケットが買えるだけのお金を貯めると、ニュージーランドに飛んで、すばらしい一年を過ごしました。ひょんなことから人里離れたアウトドア・センターで働くことになり、ラフティング・ガイドのトレーニングを受けたのです。

――世界じゅうで体験したすべての旅と冒険をとおして、個人的に何をいちばん多く得ましたか。そしてその理由は？

いちばん大きなものはこのライフスタイルを確立させたことです。いまの立場に至るまでの現実には、信じられないくらい厳しいこともあり、成人してからの大部分の時期には最低賃金を下まわるお金しか稼げず、バンの後部座席で暮らしていたし（これはSNSの#vanlifeで描かれているようなロマンチックなものじゃありません）、毎月お金をかき集めてなんとか請求書の支払いをしたり（できなかったり）、お金がなくなったときには何度もオークションサイトで持ち物を売ったりしました。でも、一瞬でも別の生活をしたかったとは思いません。そんな生活が大好きでした。わたしはそういう試練が好きですが、そんなライフスタイルが誰にでも可能ではないこともよくわかっています。安全の保障はほとんど、あるいはまったくないですが、わたしはそのリスクをおぎなってあまりある個人的な恩恵を得ています。

――アウトドアで、別の決断をしていたら状況が変わっていたのにと思うような失敗にはどんなものがありますか。

わたしの失敗は自分を疑い、何かに対する自分の直観に耳を傾けなかったことで起こりました。そのような失敗のなかには、人に対する自分の判断を信じなかったことも含まれます。ボディランゲージを読むのは得意なので、いつでもやっていて、やめられないんです。そのおかげで自分や客の安全を保つこともでき、とりわけ彼らがわたしに何かを隠しているときには役に立ちます。そういうことに気づけるということはとても大切で、ときには命を救ってくれることもあります。

――あなたはすばらしい精神力を持ち、さまざまな挑戦をしてきました。読者を安全地帯から踏みださせるメッセージはどんなものでしょう？

やればいいんです。踏みださなければ言い訳も簡単にできますが、一日の終わりに自分に説明できるのはあなただけです。わたしはあらゆる障害を持った人々をガイドしてきて、その人たちが信じられないことを成しとげるのを見てきました。精神力やレジリエンスはさまざまな経験をすることでついてきます。筋肉と同じで、安全地帯から出れば出るほど強くなっていくのです。アウトドアの環境で挑戦することは、ブッシュクラフトや登山やマウンテンバイクやそれ以外のものもあります。いちばんいいのは、経験のある友達を連れていくか、講習会やツアーに参加することです。ナビゲーションや、何を着たらいいか、特別な道具の使いかたなど、アウトドアで自分の面倒が自分で見られる基本的なことを学んだら、自分の背中を押すことができます。でもまずは安全におこなうことを学ぶ必要があります！

——わたしも同じような仕事がしたいです。どうやってはじめたらいいですか。

　これはわたしがよく受ける質問です。大事なのは、できるだけ外に出て、講習を受け、自分のスキルを高めることです。ソーシャルメディアやテレビでは華やかな世界に見えるかもしれませんが、現実にアウトドアで仕事をする場合、かなりの時間は快適なものではありません。自分がずぶ濡れでも、疲れていても、寒くても、自分だけでなくほかの人の面倒も見なければならないということを覚悟しなくてはなりません。それを学ぶ方法は、経験だけです。いくらでも強調したいのは、最初のうちは、経験のある友達を連れていくか講習会に出ることの大切さです。講習会にはさほどお金はかかりませんし、自然のなかでより快適に過ごせるようになり、いずれはあなたの命を救ってくれることになるかもしれない基本的なスキルを教えてくれます。

自分で冒険の経験をたくさん積み、このライフスタイルが自分に合っているという確信が得られたら、自国の研修コースを調べてみるべきです。イギリスでは、進歩に応じて受けられる体系的なコースが整っていて、基本的な資格であるシングル・ピッチ・アウォード（登山）、マウンテン・リーダー、カヤックとカヌーの資格から、より上級のマウンテン・インストラクター・アウォードのようなものまであります。それ以外にも幅広いコースがあり、産業用ロープアクセスからエクスペディション・リーディングまで、さまざまな分野の専門家になることができます。この仕事ではお金持ちにはなれないかもしれませんが、得るものはたくさんあるはずです。

謝辞

自分がやってきたすべての冒険、自分が率いたすべての探検旅行、いいことも悪いこともすべてがいまのわたしをつくり、わたしの世界の見かたをつくってきました。感謝しなければならない人は多すぎるのですが、これまでの人生におけるかかわり、ポジティブなものもネガティブなものも、すべてに感謝しています。それらのひとつひとつが教えてくれたのが、オープンマインドでいること、自分の信念のために闘うこと、変わっていたり完璧ではない自分でもいいということでした。

支えてくれた家族に感謝したいと思います。両親のマーティンとリンダは、わたしが〝普通の〟生活を送っていないことで何年もストレスを抱えていたはずです。でも、それに我慢してくれて、いつも変わらずアドバイスや感情的な支えをくれてありがとう。弟のダンカンと妹のピッパとローラ、みんながわたしのあとに生まれてくれてとても誇らしいし、幸運です。パートナーのスタニ、たいていの場合はわたしが自分で〝得る〟よりも多くのものを〝得させてくれる〟たえまないサポートに感謝します。わたしの放浪癖と落ち着きのなさに耐えられるなんてすごいことです。わたしの人生の小さな冒険者、フィンにファムケにオリバーにエミリー、いっしょにやった冒険をありがとう。あなたたちとこれからももっとたくさんの思い出をつくるのを楽しみしています。

わたしの思いや考えかたやストーリーを長々と聞いてくれ、ちゃんと意味が通るものにしてくれたジョー・モンローには深く感謝したいと思います。あなたはわたしのインスピレーションです。とりわけ、あなたのレジリエンスがこの本ができる過程でずっと試されたのですから。

最初に本を書くように言ってくれたエージェントのサラ・マニングにも感謝します。あなたがいなければ、この本はけっして存在しなかったでしょう。

そして最後に、わたしとこのプロジェクトを信じてくれたシャーロット・ハードマンとコロネットのチームに感謝します。

著者

Megan Hine

ミーガン・ハイン

イギリスの冒険家、エクスペディション・リーダー、サバイバル・エキスパート。世界じゅうで、ベア・グリルスの『Mission Survive』や『Running Wild』をはじめとするテレビ番組や個人客のコンサルタントもしている。生まれたときから旅と冒険に魅せられてきたミーガンは、アウトドアのあらゆる面で豊富な経験を積んできた。極限の地で、メンタル面でもフィジカル面でも限界まで自分を追いこみ、人里離れたジャングルや不毛の砂漠や冬の高山を探検し、個人客や有名人やテレビスタッフを、彼らがその存在さえ知らなかった美しい極限の地へと連れていく。

訳者

田畑あや子

たばたあやこ

翻訳家。訳書にラディカ・サンガーニ『ヴァージン』（辰巳出版）、ジョン・アーデン『ブレイン・バイブル』（アルファポリス）、共訳書にマイケル・クロンドル『スパイス三都物語』（原書房）、ネイサン・マイアーボールド、マキシム・ビレット『モダニスト・キュイジーヌ アットホーム』（KADOKAWA）など。著書に『中学英単語でいきなり英会話』『会話で使える英単語をどんどん増やす』（どちらも永岡書店）がある。

MIND OF A SURVIVOR
by Megan Hine

Copyright©2017 Megan Hine
Japanese translation rights arranged with The Bent Agency
through Japan UNI Agency, Inc.

サバイバルマインド

2019年 4月25日 第1刷発行

著者
ミーガン・ハイン

訳者
田畑あや子

発行者
赤津孝夫

発行所
株式会社 エイアンドエフ

〒160-0022 東京都新宿区新宿6丁目27番地56号 新宿スクエア
出版部 電話 03-4578-8885

装幀
芦澤泰偉

本文デザイン
五十嵐 徹

編集
宮古地人協会

印刷・製本
中央精版印刷株式会社

Translation copyright © Ayako Tabata 2019
Published by A&F Corporation
Printed in Japan
ISBN978-4-909355-09-6 C0040

本書の無断複製（コピー、スキャン、デジタル化等）並びに無断複製物の譲渡及び配信は、著作権法上での例外を除き禁じられています。

また、本書を代行業者等の第三者に依頼して複製する行為は、たとえ個人や家庭内の利用であっても一切認められておりません。

定価はカバーに表示してあります。落丁・乱丁はお取り替えいたします。

A&FBOOKS 既刊紹介

失われた、自然を読む力

トリスタン・グーリー 著／田淵健太 訳

四六判並製　本体2400円＋税

自然を観察して得た手がかりから推理し、行くべきルートをとらえ、訪れる危機を把握する。徒歩旅行の達人が教える、歩く人のための、最高のガイドブック！

アウトドア・サバイバル技法

ラリー・D・オルセン 著／谷 克二 訳

四六判上製　定価：本体2600円＋税

人間の精神の美しさと大自然に対する畏敬の念を語る、サバイバル本の原点。50年前に刊行されたロングセラー。

異論のススメ・正論のススメ

佐伯啓思 著

四六判並製／本体1700円＋税

朝日新聞（リベラル）×産経新聞（保守）の常識を覆す、日本を考えるための必読書。右翼でも左翼でもない、本当の保守思想で世論を斬る！

バーバリアンデイズ
あるサーファーの人生哲学

ウィリアム・フィネガン 著／児島 修 訳

四六判並製／本体2800円＋税

波を友とし、若者から大人になった男のクロニクル。ピューリッツァー賞受賞作品。「優雅な筆致で描かれた魅惑的な冒険物語。知性あふれる自伝。サーファーだけでなく、万人に向けてサーフィンのカルチャーと秘密を解き明かす」——ワシントン・ポスト

ダッチオーヴン・クッキング
西部開拓時代から続く鉄鍋レシピの知恵と工夫

ジェイ・ウェイン・フィアーズ 著

カズヨ・フリードランダー 訳

AB判変型並製／本体2600円＋税

本物のキッチンは野外料理にある！　キャンプや焚き火で味わう、米国流ダッチオーヴンを使うための方法と、伝統的な西部開拓時代から続くレシピを紹介。冒険心が刺激される豪快アウトドア料理の醍醐味と知識が満載。野外料理の達人になりたいすべての人に！

香ばしくて、しましまのグリルパン料理！

山田英季 編

A5判並製／本体1400円＋税

鍋底の凸凹によるチャーミングな〝しましま模様の焼き目〟でつくれる、これまでにないフォトジェニックでおいしい料理42品を収録！

トレイルズ「道」と歩くことの哲学

ロバート・ムーア 著／岩崎晋也 訳

四六判並製／本体2200円＋税

「トレイル＝道」はどのようにできたのか？　発展する道と廃れてしまう道の違いとは？　根源的な疑問への答えを求めて世界各地をめぐり、ネイティヴアメリカンの生活と思想、さらに東洋哲学の「道」にいたるまでたどる。2017年全米アウトドアブック賞受賞！

美を見て死ね

堀越千秋 著

四六判上製／定価：本体2700円＋税

「千秋君は、美を発見する名人だった。たとえその一端にせよ、千秋君が見た美をこうして残してくれたことは、私たちにとって貴重な財産になるだろう」——逢坂剛（作家）

「週刊朝日」連載！　美の深淵を見た男が遺した、最後の痛快アート・エッセイ130編！

血めぐり薬膳
からだがぽかぽか温まり 冷え・肥満・老化・婦人科トラブルを改善

坂井美穂 著

A5判並製／定価：本体1400円＋税

不調改善レシピ、体質別作り置きレシピ、季節の旬レシピ……。簡単で毎日作れる、フレンチベースの薬膳レシピ44点を紹介。血流がよくなり、自然治癒力が高まることで、健康とキレイが手に入る！

吾輩は作家の猫である

高橋克彦 著

四六判並製／定価：本体1800円＋税

「私の猫だまは、言霊以上に創作力の源泉であった」――直木賞作家・高橋克彦が作家人生の中で共に過ごした猫達。その「生きた証」をつぶさに残そうとカメラにのめり込んでいった、猫愛に満ちた写真を初公開。猫にまつわる小説とエッセイをまとめた、今までなかったユニークな一冊。

雑草が教えてくれた日本文化史
したたかな民族性の由来

稲垣栄洋 著

四六判上製／定価：本体2200円＋税

戦国武将は大事な家紋に雑草をあしらった。それは、華麗な花や勇壮な動物を描いた西洋とは明らかに異なる。日本人にとって、雑草とは何か？　雑草生態学の権威が、斬新な視点から提示する新・日本人論！

根源へ／根源から イメージの浮沈を賭けて

田中孝道 著

箱入り四六判上製／定価：本体3000円＋税

森をテーマにピンホールカメラで作品を撮り続けるアーティスト、田中孝道3作目の作品集。ポラロイドフィルムに焼きつけられた写真と、書道家でもある彼のドローイングを収録。作品集に寄せ、詩人の蜂飼耳と、神奈川県立近代美術館長の水沢勉が寄稿。

ロッジのキャストアイアン王国
全米で愛される鉄鍋レシピの総集編

パム・ホーニグ 著／カズヨ・フリードランダー 訳

AB判上製／定価：本体2700円＋税

世界中で愛される、キャストアイアン（鋳鉄）調理器具メーカーLODGEを創業したジョセフ・ロッジ。彼の家族やゆかりの人々をはじめ、アメリカ各地で代々受け継がれてきた家庭の味が、家族のエピソードとともに楽しめる。LODGEを愛するシェフや料理編集者たちによる、アメリカの歴史が詰まったレシピ集！

クレオ 小さな猫と家族の愛の物語

ヘレン・ブラウン 著／服部京子 訳

四六判並製／定価：本体1800円＋税

小さな黒猫クレオが、幼い息子を事故で亡くしたヘレンを見守り続け、家族が絶望から立ち直っていく姿を描いた感動のノンフィクション。

エベレスト初登頂

ジョン・ハント 著／吉田 薫 訳

四六判上製／定価：本体2700円＋税

エドモンド・ヒラリーらが成し遂げたエベレスト初登頂の記録を、登山隊を率いた隊長ジョン・ハントみずから描いた迫真のノンフィクション。

大統領の冒険
ルーズベルト、アマゾン奥地への旅

キャンディス・ミラード 著

カズヨ・フリードランダー 訳

四六判上製／定価：本体2600円＋税

アメリカ大統領セオドア・ルーズベルトが成し遂げたアマゾン大冒険の記録。

宮澤賢治、山の人生

澤村修治 著

箱入り四六判フランス装／定価：本体2400円＋税

不思議な山の達人、宮澤賢治の生涯と印象的な山の文を一冊に。

レイジング・ザ・バー

ゲーリー・エリクソン＋ルイス・ロレンツェン 著

谷 克二 訳

四六判上製／定価：本体2600円＋税

高エネルギー食品CLIF BARの誕生から現在まで、一人のアスリート兼ビジネスマンの人生の軌跡。